エンジニアの仕事
フロント

Web
エンジニアを
育てる学校

たにぐち まこと───［著］

マイナビ

本書のサポートサイトについて

本書のなかで使用されているサンプルファイルは以下のURLからダウンロードできます。また、本書の続きとなる「サーバサイド」や「セキュリティ・法律」の特典PDFも、以下よりダウンロードできます。ダウンロードのためのパスワードは本書最終ページをご覧ください。

https://book.mynavi.jp/supportsite/detail/9784839982843.html

- サンプルファイルのダウンロードにはインターネット環境が必要です。

- サンプルファイルはすべてお客様自身の責任においてご利用ください。サンプルファイルを使用した結果で発生したいかなる損害や損失、その他いかなる事態についても、弊社および著作権者は一切その責任を負いません。

- サンプルファイルに含まれるデータやプログラム、ファイルはすべて著作物であり、著作権はそれぞれの著作者にあります。本書籍購入者が学習用として個人で閲覧する以外の使用は認められませんので、ご注意ください。営利目的・個人使用にかかわらず、データの複製や再配布を禁じます。

Webエンジニアになりたい、Webアプリの個人開発をしたい。そんな風に思っている方が、この書籍を手に取っているかもしれません。すでに学習を始めたけれど、ちょっとつまずいている方もいるかもしれません。

Webエンジニアの学習は、勉強すべき内容がとにかく範囲が広く、間もなく「用語の多さ」の壁に当たるのではないでしょうか?

例えばWikipediaで「Cookie (クッキー)」というキーワードを検索してみましょう。

> HTTPにおけるウェブサーバとウェブブラウザ間で状態を管理する通信プロトコル、またそこで用いられるウェブブラウザに保存された情報のことを指す。ユーザ識別やセッション管理を実現する目的などに利用される。

「HTTP」、「サーバー」、「通信プロトコル」に「セッション」と、説明分の中のほとんどの用語が専門用語で、全く理解ができません。Web制作を学習しようとすると、このように「あるキーワードを説明するためのキーワードが分からない」ということがよくあります。

そこで、本書はこの広いWebエンジニア業界の中で使われている「用語」を1つ1つ解説しました (Chapter 2以降)。ただし、本書は「辞書」ではありません。用語をただひたすらに並べたわけではなく、「理解して欲しい順番」に並べました (索引では50音順に並んでいます)。

そのため、ぜひ1回目は頭からじっくりと読み進めてみてください。途中には、実際に手を動かすような場面もあります。そんなところも、ぜひ一緒に手を動かしながら学んでみてください。

途中、分からない用語が出てきたときは参照を頼りに戻って、改めてその用語について理解してみましょう。再度元のページに戻ってきたら、理解しやすくなっているでしょう。

そして読み終わったら、ぜひお手元に置いて頂いて、また分からない用語、忘れてしまった用語が出てきたときに、索引を使って引いてみてください。理解の助けになると思います。

残念ながら、本書だけではWeb制作の実務的な内容は学習することができません。実務的な内容は、他の書籍や動画などで学んでいきましょう。ただ、そんな学習の時に、いつも傍らに本書を置いておいていただいて、分からない用語が出てきたら本書を見返してみてください。

本書がそんな風に、学習の助けになれば幸いです。

2024年2月
たにぐちまこと

CONTENTS

本書のダウンロード特典について

本書をご購入いただいた方限定の特典として、本書の続きとなる2章分の内容をPDFでダウンロードできます。
ダウンロードは、以下のサポートサイトから行ってください。

https://book.mynavi.jp/supportsite/detail/9784839982843.html

ダウンロードのためのパスワードは、本書の最終ページに掲載されています。
特典内容の内容は以下の通りです。

Chapter 4　サーバーサイドエンジニア編

Webサーバーやデータベース、プロトコル、DNS、IPアドレス、PHP、サーバーサイドプログラム、Cookieやセッションといった、サーバーサイドについての知識を学びます。
途中でWordPressをインストールして簡単なページを作成したり、ヘッドレスCMSと連携させたりします。

実際の紙面とは異なる場合があります

Chapter 5　Webエンジニアが知っておくべきセキュリティ・法律の話

Webエンジニアが知っておかなければいけないセキュリティの知識や、著作権や個人情報保護法、特定商取引に関する法律、契約書など、仕事をする上で必要となる法律に関する知識をまとめています。

実際の紙面とは異なる場合があります

Chapter

1

Webエンジニアに
なろう！

本書を手に取った方は、少なからずWebエンジ
ニアという職業に興味をお持ちのことかと思います。
しかし、Webエンジニアとは実際にはどのような
仕事をするのでしょうか。実はひとことにWebエ
ンジニアといっても、いろいろな仕事があるのです。
この章で詳しく説明していきます。

1・1

Webエンジニアってどんな仕事？

「Webエンジニア」とは、一体どんな仕事でしょう？　ひとことで説明すれば「Web系の システムを開発するエンジニア」のことを指します。早くもいろいろな言葉が出てきてしまっ たので、まずはこれらの言葉を解きほぐしていきましょう。

エンジニア

「エンジニア（Engineer）」は英語で「技術者」といった意味で、本書で扱うWeb エンジニアはもちろんのこと、機械設計をしたり、電子パーツを組み立てたりするのも 広く「エンジニア」の仕事です。

図1-1-1：さまざまな種類の「エンジニア」がある

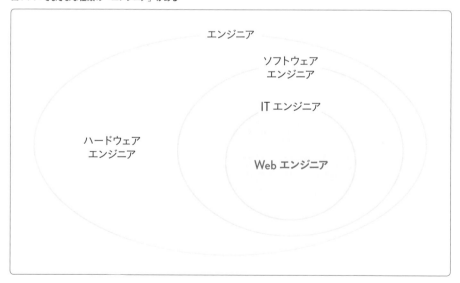

　エンジニアは広い意味を持つ言葉なため、ここから細分化されて呼ばれることが多いです。例えば、機械設計をしたり、電子パーツを組み立てたりするエンジニアは「ハードウェアエンジニア」などと呼ばれ、スマホのアプリを開発したり、本書で扱う「Web」のシステムを開発するエンジニアは広く「ソフトウェアエンジニア」などと呼ばれます。

　Webエンジニアは機械（ハードウェア）は扱わず、コンピュータの中だけで活躍する「ソフトウェアエンジニア」の中の、さらに情報や通信に関するエンジニアである「ITエンジニア」のさらにその中に位置するエンジニアの職種となります。

ハードウェア

　ハードウェア（Hardware）は、PCやスマートフォンなどの機器全般を指し、略して「ハード」と呼ばれます。Hardは英語で「固い」という意味で、固い金属でできている機器であることからこう呼ばれます（次ページのこぼれ話も参照）。

　PCやスマートフォンなどの「ハード」は、そのままでは電源を入れても何も動作しません。中に組み込まれている「ソフトウェア」というものが動作して、初めてさまざまな機能を利用できるようになります。

ソフトウェア

　「ソフトウェア」という言葉は「Soft＝柔らかい」という意味の通り、ハードの反対のことばとして使われるようになりました。例えばスマートフォンにもさまざまなソフトウェアを入れることができ、それらを切り替えて使うことで、さまざまな作業に使うことができます。

　なお、最近はソフトウェアのことを「アプリ」と呼ぶこともありますが、これについてはChapter3・1で紹介します。

こぼれ話 ☕ なぜ金属は「ハード」なの?
- -

「ハードウェア」という言葉は、もともと金属製品全般を指す言葉でした。これは、それ以前に、「木材」でさまざまなものが作られていた時代だったのが、金属が登場したときに「木よりも固い物質」という意味で「ハードウェア」という言葉が使われたという説があります。

IT (Information Technology)

🔲 IT (アイティー) は、英語の「Information Technology」の頭文字を取った言葉で、日本語では「情報技術」などと呼びます。主にインターネット (ネット) を通じて情報を扱う分野のことで、ソフトウェアやネットワーク、データベースやセキュリティなど、PC で扱う「情報」を扱う技術のことです。

Web

🔲 Web (ウェブ) はもともと、「クモの巣」といった意味のある単語ですが、実際にはこの言葉は「World Wide Web (Chapter2・6参照)」の略称で、世界中に張り巡らされたインターネット回線を通じて提供されるサービスの名称を指します。

私たちが普段、Web ブラウザで検索をしたり X (Twitter) などで流れてくる記事をクリックして見ることができるページを「Web ページ」といいます。

Web エンジニアというのは、IT エンジニアの中でもこの「Web」の技術に特化したエンジニアのことを指します。

∎

いかがでしょう。一口に「Web エンジニア」といっても、この言葉をしっかり理解するには前提となる言葉が次々に現れます。本書では、こんな風に各言葉についてしっかりと解説して理解していけたらと思いますので、興味に任せてさまざまな言葉を確認してみてください。

こぼれ話 ☕ 私がWebエンジニアになった理由

　筆者は、もともとWebに興味があったわけではなく（というより40代の筆者にとって、Webが仕事になるようになったのは20代以降だったため、学生時代などはまだWebというもの自体がありませんでした）、最初はゲーム制作に興味があって、プログラミングを勉強していました。

　そしてWebが登場したときに、ゲーム制作に関する情報を発信したいと考えて、Webサイトを趣味で作り始めたのが始まりです。それから、サーバー（特典PDFのChapter4参照）などに興味を持ち始め、サーバーサイドエンジニアとして仕事を開始しました。

　Web開発は、ソフトウェア開発やシステム開発などに比べると少人数で開発することができ、また当時から中小企業などでも気軽に依頼をしてくれたことから、独立直後だった筆者でも、比較的仕事を受けやすく、また1人で仕事をしやすかったことが、筆者の肌には非常に合いました。筆者はその後、執筆時点で会社を20年以上やっていますが、今も変わらず中小企業やNPO法人などを中心に、サイト制作のお手伝いをしています。やりがいがあって楽しいですね。

1・2

Webエンジニアの職種

　「Webエンジニア」と一口に言っても、実はここからさらに細分化されて、さまざまな職種に分かれます。

* フロントエンドエンジニア・マークアップエンジニア・コーダー
* サーバーサイドエンジニア・バックエンドエンジニア
* データベースエンジニア・データベースアドミニストレータ
* ネットワークエンジニア・クラウドエンジニア・インフラエンジニア
* セキュリティエンジニア

図1-2-1：「Webエンジニア」にもさまざまな職種がある

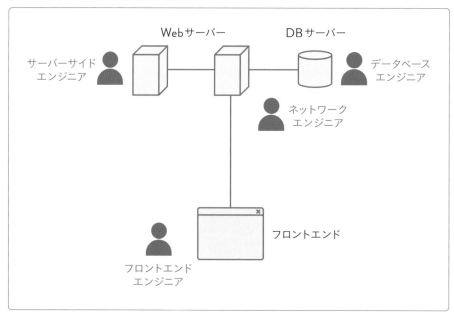

　1行にまとめて書いてある職種、例えば「フロントエンドエンジニア」と「マークアップエンジニア」、「コーダー」は、実際にはほぼ同じ職種を指しています。それぞれ紹介していきましょう。説明の中で出てくる各用語は、次章以降で詳しく解説しているため、該当の節番号を記載しています。ただ、ここではまだ各用語を詳しく理解しようとするよりは、全体を読み進めて概要を掴んでから次章以降に読み進めて頂くと良いでしょう。

フロントエンドエンジニア

> 「**フロントエンド（Front-end）**」には「**前部の**」といった意味があり、簡単に言えば「**ユーザーに見えている画面**」を作るのが**フロントエンドエンジニア**です。（逆にユーザーに見えない部分を作るのがサーバーサイドエンジニアです）

　同じような言葉に「マークアップエンジニア」とか「コーダー」という職種もありますが、これらは同じような職種として使われることもありますが、「フロントエンドエンジニア」といった場合は、もう少し高度な内容を扱うことが多いです。

フロントエンドに必須のJavaScript

　近年、Webページには「動き」が求められるようになってきました。例えば、次のWebページを見てみましょう。

■ aquanotes Server
https://h2o-space.com/aqserver/

　画面を表示すると、ふわっと表示されたり、スクロールしていくと要素が次々に飛びだしてくるといった「動きの演出」が施されていることが分かります。

　これらは、「JavaScript」というプログラミング言語を使って実現されています。近年のフロントエンドでは、このJavaScriptを使った開発が必須となり、従来のマークアップエンジニアやコーダーにも、そのスキルが求められるようになってきました。

　JavaScriptについては**Chapter 3**で紹介します。

サーバーサイドエンジニア

サーバーサイドとは「サーバー側の」という意味で、サーバーというのは私たちがネットを使うときに、そのWebページの内容が保管されているコンピュータのこと。サーバーサイドエンジニアは、この「サーバー」の中で、画面からは見えない部分のプログラムを作成します。

例えば、ショッピングサイトなら商品の在庫があるかどうかを確認したり、金額はいくらかを計算したり。また、コミュニティのサイトなら、各ユーザーが書き込んだ内容を整理して保管したり、他のユーザーからの返信を通知したりといったしくみも必要です。

これらの結果はサーバーからフロントエンド側に情報を渡し、画面に表示されるというしくみです。

フロントエンドエンジニアとサーバーサイドエンジニアは、別の職種ではありますが1人の人が両方を担当することもあります。というのは、サーバーサイドエンジニアは少なからずフロントエンドエンジニアの知識が必要となるため、フロントエンドエンジニアからキャリアアップしてサーバーサイドエンジニアになるケースが多く、両方を担当することができるプログラマが多いためです。

データベースエンジニア

大量のデータを保管する「データベース（Chapter4・4参照）」というツールを操る、専門のエンジニアです。

例えば、皆さんがあるWebページで「ログイン」をする時に入力する、ユーザーのパスワード情報はこのデータベースに保管されています。その他、ECサイトの商品の情報や、すべての利用者の購入履歴、問い合わせ履歴、レビューの内容など、あらゆる情報がデータベースに保管されます。

データベースエンジニアは、そんなデータを管理する専門家。どのような構造にすれば、効率良くデータを管理できるのかを設計し、データを集計したり分析したりしながらデータを活用していきます。

サーバーサイドエンジニアが兼務することもあり、実際サーバーサイドエンジニアはデータベースの基本は理解しておく必要があります。

ネットワークエンジニア

> Webサイトは、完成したら世界中に公開するために「Webサーバー」と呼ばれる特別なコンピュータに設置して、公開手続きをしなければなりません。
> この「Webサーバー」などのサーバーを、実際に設置して稼働させるのがネットワークエンジニアの仕事です。

従来は、実際にコンピュータを設置したりネットワーク機器と接続をして設定をしたりなど、ハードウェアの知識も必要なのがネットワークエンジニアの仕事でした。

しかし、近年Web業界では「クラウドサーバー（Chapter4・6参照）」と呼ばれる、クラウド上で簡単に構築できるサーバーが主流になっているため、従来のネットワークエンジニアとは分けて「クラウドエンジニア」などと呼ばれることもあります。

また、小規模なWebサイトの場合などは、サーバーサイドエンジニアがネットワークエンジニアを兼ねることもあります。

いずれにしても、ネットワークに関する深い知識が要求され、設定を間違えるとセキュリティ的に非常に危険な状態になってしまうため、正しい知識をしっかり身につける必要があります。

その他のエンジニア

ネットの求人記事などを見ていると、この他にも「○○エンジニア」という職種は、ものすごい数があります。例えば「セキュリティエンジニア」とか「AIエンジニア」、最近では「プロンプトエンジニア」といった言葉も生まれています。

これらの職種は、基本的には「サーバーサイドエンジニア」の専門性を高めて、ある分野に特化したエンジニアであったり、ある業界に特有のエンジニアであったりするため、基本的にはサーバーサイドエンジニアからのキャリア変更であることがほとんどです。

非常に分かりやすく分類してしまうと、Webエンジニアは「フロントエンド寄りか」「サーバーサイド寄りか」の2種類で分類することができます。詳しくは、次の章で解説しましょう。

こぼれ話　筆者の職種

　筆者の場合、前述の通りもともとは趣味でWebサイトを制作していたため、HTMLやCSSなども自分で作り、サーバーサイドのプログラム開発もしていました。しかし、仕事をするようになってからは、徐々にHTMLやCSSはパートナーのクリエイターにお任せするようになり、サーバーサイドに集中するようになりました。

　というのは、フロントエンドを極める場合、どうしてもデザインの知識やセンスなども問われることが多く、このあたりが絶望的に苦手な筆者にとっては、他の方に任せた方が効率がよいと判断したためです。

　全部を自分でやろうとせず、また、やりたいことをやるのではなく、自分はなにが得意でなにが苦手か、なにを人に任せて、どこにこだわりを持って自分でやっていきたいか、そんな風に考えながら自分が得意なことやできることを見つけて、集中していくことも大切です。

1・3

Webエンジニアのキャリアプラン

　前節で述べた通り、Webエンジニアには数多くの種類があり、分業化が進んでいます。しかし、大きく分ければその入り口は「フロントエンド」か「サーバーサイド」に分類することができます。その後、少しずつ自分のできることや範囲を広げて、自分の価値を高め、転職やキャリアアップなどで自分の役割を変えていくことが多いです。

　ここでは、それぞれのキャリアプランを紹介していきましょう。

図1-3-1：Webエンジニアのキャリアプラン

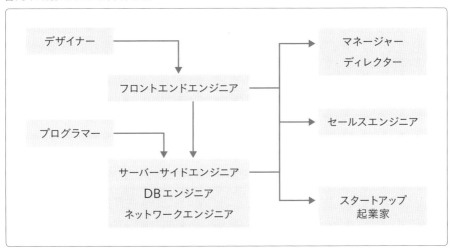

Webデザイナーからフロントエンドエンジニアへの転身

　本書では扱いませんが、Web業界の仕事には「Webデザイナー」という仕事もあります。これは、Webサイトやアプリが、完成後にどんな画面になるかの「イメージ図」や「設計図」を描いていく仕事です。

　文字や色の知識を使って、見やすく、使いやすく、また見る人の興味を引くようなデザインを制作していく必要があります。

　「フロントエンドエンジニア」は通常、このWebデザイナーがデザインをしたイメージ図

（モックアップなどと呼びます）を元に、実際にWebページとして利用できる「実装作業」をしていくのですが、デザイナー自らが実装作業まで行うこともあります。

というのは、Webデザイナーという職種は、グラフィックデザイナーなどとは違ってWebの構造や特性等の知識が必要で、Webで実現が可能なデザインかどうかや、どのようにそのデザインを実現するべきなのか等を理解できなければ、そもそもデザインができません。

そのため「デザイナー」とはいっても、どちらかといえば「建築士」などに近い職種といえます。建築士も、大工さんに実際の作業は依頼しますが、自身も工具の使い方は分かっていて、日曜大工的なものは自身でやる方が多いのと同様で、Webデザイナーの中には、フロントエンドエンジニア的な高い知識を持っている方も少なくありません。

こうして、Webデザイナーからフロントエンドエンジニアに転身する場合や、両方を兼ねるという場合があります。

プログラマーからサーバーサイドエンジニアへの転身

「サーバーサイドエンジニア」の場合、Webデザイナーから転身するケースはかなり少ないと思います。サーバーサイドエンジニアは、かなり技術色が強く、「プログラミングはすごく好き」という方がなることが多い印象です。

多くはやはり、最初はソフトウェアやスマホアプリなどを開発する「プログラマー」として活動し、ネットワークやデータベースの知識を身につけて、Webのシステム開発も手がけるようになるといったことが多いでしょう。

フロントエンドエンジニアからサーバーサイドエンジニアへの転身

デザインは苦手だが、Webに興味があってHTMLやCSSの学習をして、フロントエンドエンジニアになった人が、より知識の幅を広げて、徐々にサーバーサイドのプログラム開発もできるようになり、サーバーサイドエンジニアにキャリアを変えるといったケースはかなり多いです。

また、フロントエンドとサーバーサイドを全部自分でやるという人もいたりして、こんなエンジニアを特別に「フルスタックエンジニア」などと呼ばれることもあります。

エンジニアからマネージャー・ディレクターへの転身

　さて、こうしてフロントエンドエンジニアやサーバーサイドエンジニアとして、キャリアを積んだWebエンジニアは、その後どんなキャリアを積んでいくのでしょう。

　もちろん、生涯現役としてエンジニアをやり続ける人もいますが、多くは年齢を重ねると、自分で開発するよりも若手の育成だったり、チーム全体をまとめる役割などの「マネジメント」と呼ばれる、管理職的な役割が求められるようになります。

　Web業界では、これを「マネージャー」とか「ディレクター」という職種で行うことが多く、チームの先導役としてプロジェクトの進行状況を管理したり、若手の技術的な問題を解決するといった仕事をしていきます。

エンジニアからセールスエンジニアへの転身

　チームをまとめるといった「内向き」の仕事をするのがディレクターなら、逆にクライアントや顧客である「外向き」の仕事をするのが、セールスエンジニアです。

　クライアントの悩みを聞きながら、技術的な解決策を提示したり、自社の技術力をアピールするなどして仕事の受注を目指したり、説明会の開催、技術展への出展などを行っていきます。

　技術的な裏付けがあるからこそ、説得力のある説明や現実に即した提案ができるとして、非常に重宝される立場になります。

エンジニアからスタートアップ起業家への転身

　エンジニアとして技術力を身につけた後は、クライアントの依頼に沿って開発をするのではなく、自分で考えたビジネスを立ち上げて、サービス開発や製品開発をして、起業をするというキャリアプランも夢があります。

　通常、新規サービスのシステム開発には、何百万円、何千万円といった資金が必要になりますが、それを自分の知識で開発できるなら、この費用を節約して開発することができます。

　また、システムの改良や追加開発もスムーズに進められるため、スタートアップとして非常にスムーズに立ち上げることができます。

こぼれ話 ☕ 筆者の場合

　筆者の場合は、フロントエンドエンジニアからサーバーサイドエンジニアに、それからディレクターにキャリアを変更したタイプです。

　前節の通り、もともとはフロントエンドもサーバーサイドも自分でやろうとしていたのが、フロントエンドを他の人に任せるようになってから、徐々にスケジュール管理やタスク管理、予算管理などをするようになり、自分で手を動かすよりもそういった管理業務の方が増えていって、いつの間にかディレクターになっていました。

　この「いつの間にかなっていた」というのは、この業界あるあるの話で、筆者の周りのWebエンジニアからもよく聞きます。「自分はデザイナーだったはずが、だんだんHTMLやCSSも自分で触るようになるうちに、いつの間にかフロントエンドエンジニアになっていた」とか、「ディレクターをやりつつプログラミングを学んでいたら、いつの間にかエンジニアもやるようになっていた」など。

　キャリアアップやキャリアチェンジは、「自分がこうなりたい」と思うのももちろん大切ですが、それよりは「自分のできることを広げていこう」と勉強をし続けるうちに、そっちの分野でも任せられることが多くなっていくといったグラデーション的な変化の方が多いのかもしれません。

1・4

Webエンジニアの働き方

　Webエンジニアになりたいという方は、比較的「フリーランスになりたい」と思われる方が多いイメージがあります。

　ここでは、そんなフリーランス的な働き方も含め、Webエンジニアの働き方の種類を紹介しましょう。

正社員・正規社員

特定の企業に、フルタイム（所定労働時間の上限（1日8時間など））で契約期間の定めもない雇用契約を結ぶ働き方のこと。

　「会社員になる」とか「就職する」といった場合は、この正社員か次の契約社員を指す場合が多いでしょう。

　最も安定して仕事をすることができますが、勤務時間や休日などは自由になりにくく、1つの会社に縛られ続けるというデメリットはあります。

契約社員

一般的には、フルタイムでは働くものの、契約期間に限りがある働き方を指します。「有期契約社員」とか「準社員」などと呼ばれることもあります。

　契約期間の満了時には、契約を更新する場合もあるため、更新され続ければ正社員と同じように働くこともできますが、安定性などは正社員の方が高い場合があります。

アルバイト・パート

一般的には1日の勤務時間がフルタイムよりも短い雇用契約です。「アルバイト」という言葉は法律的には定められておらず、いずれも「パートタイム」と呼ばれます。

アルバイト・パートだけで生活を成り立たせるのは難しいことが多く、複数のパートを掛け持ちしたり、契約社員・正社員になるまでの一時的な働き方として使われることが多いでしょう。

個人事業主

企業に雇用されず、個人で仕事を引き受けて直接報酬を受け取るという働き方です。個人事業主の開業届を役所に提出し、確定申告という手続きを経て所得税などの税金を支払うことで、個人事業主として活動することができます。

フリーランス

「フリーランス」という言葉は、特定の組織に属さずに仕事単位・作業単位で報酬を得るといった働き方の総称です。主に個人事業主の人や副業として活動している人、1人会社をしている人などが、さまざまなクライアントの仕事をこなしながら、比較的自由に生活することが多いです。

時間や場所に縛られず、好きなときに仕事をして、旅行や海外移住などをしながらも、日本のクライアントや海外のクライアントと仕事をしていくといった生活スタイルが可能になります。

そんな自由に憧れ、フリーランスを目指す Web エンジニアは少なくありません。とはいえ、収入や勤務時間が不安定になりがちで、仕事の量によっては寝る時間が取れないといったこともあります。

体力やクライアントとのコミュニケーション能力、税金の手続きなどのお金の管理など、正社員などにはない苦労もあり、ずっと続けられる人は一握りだったりします。

法人成り

個人事業主やフリーランスから、会社を設立して法人になることを「法人成り」といいます。個人事業主やフリーランスを経ずに会社を設立するケースもあります。

　フリーランスでの仕事が軌道に乗り、年間の収入が大きくなってくると、税金の金額が跳ね上がっていきます（Chapter1・6のコラム参照）。

　そこで、会社を設立して、会社の「売上」とし、自分はその会社からの給与（役員報酬）を受け取る形にすることで、納税額が低くなる場合があります。

　これは、個人にかかる税金である「所得税」よりも、会社にかかる税金の「法人税」の方が、その税率が安くなる場合があるためです。だいたい、年間の売り上げが800万〜1,000万以上になった場合、会社にした方が税金を安くできることが多くなります。

　ただし、税金を安くするためだけに安易に法人化をすると、決算という手続きなどで手間やお金がかかるようになったり、売り上げが自分の自由なお金にならなくなったりなどで困ることも出てきます。じっくりとメリットやデメリットを調べ、また将来的に仕事をどのようにやっていきたいかなども考えて、法人化をする・しないを検討すると良いでしょう。

図1-4-1：「Webエンジニア」にもさまざまな職種がある

働き方	正社員 契約社員 パート	個人事業主	法人成り
メリット	仕事や収入が安定	時間・生活が自由	より大きな仕事ができる 融資を受けたり 雇用するなどがしやすい
デメリット	時間の自由は効かない	仕事・収入が不安定	より大きな責任

こぼれ話 ☕ 個人事業主の老後問題

- - - - - - - - - - - - - - - - - - - -

　個人事業主での働き方を選ぶ場合、老後のこともしっかり考えなければなりません。通常、正社員や契約社員として会社で働いている場合、給与から「保険料」と「年金」が差し引かれて支払われます。

　この時、基本的に各会社が加入しているのは「社会保険」と「厚生年金」というものです。これらは、雇用している会社と社員の「折半」で支払う必要があるため、自身の給与から引かれている金額とほぼ同額を、会社側が負担して支払っていることになります。

　しかし、個人事業主の場合は加入できる保険や年金として、「国民健康保険」「国民年金」という制度にしか加入することができません。これは、毎月に支払う年金額は低いものの、老後に支払われる年金の金額が先の厚生年金と比べると少ない金額になるため、老後の年金だけでは生活ができない危険性があります。

　そのため、別途個人年金に加入したり、共済や貯蓄などを使って備えておかないと、いざ働けなくなったときに生活を続けられなくなってしまいます。

　個人事業主になると一時的な収入や、見かけの収入は会社員に比べると増えたように思ってしまうことがあります。しかし実は、会社員は社会保険の折半分や各種手当て、福利厚生など、目に見えない部分での金銭的な補助を多数受け取っていることがあります。「今」の収入を考えるだけでなく、生涯収支で考えなければなりません。

こぼれ話 ☕ いきなりの法人成りで後悔

- - - - - - - - - - - - - - - - - - - -

　筆者の場合、正社員を4年間やった後24才で独立をしました。しかしこの時、個人事業主を経ることなく、なぜか直接法人成りをしてしまいました。

　自分自身、会社をやりたいという思いがあったことや、勢いなどもあったのですが、実際にはその後、結構後悔をすることになります。Chapter1・6のコラム「Webエンジニアが知っておきたい税金・保険の話」で詳しく紹介しますが、法人にしてしまうとお金の面で不自由になったり、余計なお金がかなりかかったりして、仕事量や売上に比べて、自分の「手取り」がものすごく少なくなってしまいました。

　もっと当時から、しっかり知識をつけてから独立すべきだったと後悔していますが、今はそんな会社を20年以上維持できていて、もう1つ会社を立ち上げていたりもするため、結果的には失敗はしていないかなと自分をごまかしています。

コラム

インボイス制度時代のフリーランスの生き方

　本文でも紹介した通り、Webエンジニアを志す方の中にはフリーランス的な働き方を希望する方も少なくないでしょう。

　しかし、個人事業主や法人のいずれも、これからの時代はなかなか大変になるかもしれません。それが「インボイス制度」と呼ばれる制度です。

　誤解を恐れずに結論を言えば、このインボイス制度によってフリーランスの税負担がこれまでより増えました。正確には、これまで見逃されていた消費税の納税義務が発生するようになりました。詳しく紹介しましょう。

インボイス（適格請求書）

> 　**インボイス制度の「インボイス」とは、請求書の種類のことで、日本語では「適格請求書」といいます。**

　通常、クライアント（お客様）から仕事を引き受けた場合、その仕事が終わった後で「請求書」というものをクライアントに送ります。そこに記載された金額が、振り込まれて収入または売上になるというわけです。

　インボイス制度は、この請求書に「適格請求書発行事業者」の登録番号が記載された請求書である「適格請求書」の発行を国が義務付けるという制度です。それぞれ紹介していきましょう。

消費税

> 　**消費税は、商品を購入するときなど商品やサービスの提供を受ける際に、その価格に上乗せして（2024年時点で10％または8％）支払う税金のことです。100円の商品を購入するときは、110円支払わなければなりません。**

ここで支払った消費税は、受け取ったお店などの「事業者」が国に納税することになります。

　この消費税は、フリーランスのエンジニアなどであっても例外ではありません。開発作業をした場合や、ソフトウェアを販売した場合なども、消費税を受け取っているため、これを納税する必要があります。納税の義務がある事業者を「課税事業者」といいます。

　ただし、消費税にはこれまで「納税義務の免除」という制度がありました。「課税期間の基準期間における課税売上高が1,000万円以下の事業者」とされているのですが、わかりやすくいえば「1年間の売上が1,000万円以下の場合」と考えて良いでしょう。

　個人事業主の場合は、1月1日から12月31日まで、法人の場合は自社で定めている「決算期間」が「基準期間」になります。

　売上1,000万円というのは、なかなか大きい売上（ざっくりいえば、年収1,000万）なので、ここに届かないフリーランスの方はかなり多いです。つまり、Webエンジニアの多くは「免税事業者」なのです。

インボイス制度で免税から課税に

　インボイス制度で困るのが、この「免税事業者」です。なぜなら、免税事業者はこれまで「消費税を受け取ってはいたが、納税はしていない」という立場、つまり受け取った消費税をそのまま「収入」にできていたという立場です。

　しかし、インボイス制度が始まるとこれが使えなくなります。というのは、先の「適格請求書」を発行するための「登録番号」という番号が、免税事業者では取得できないためです。

　この登録番号は、税務署に「登録申請書」を提出して発行してもらう必要があります。しかし、この申請は「課税事業者」でしか発行ができません。つまり、登録番号を得るためには、売上が1,000万円に届いていない免税事業者であっても、課税事業者にならなければならず、消費税を納税しなければならないというわけです。

　例えばこれまで、年間の売上が900万円あった場合、消費税を含めて990万円の請求をして、90万円分の消費税の納税を免れていました（実際の納税額は90万円ではありませんが、ここでは計算をかなり単純にしています）。

　しかし、適格請求書発行事業者になった場合は、この消費税に納税義務が発生するというわけです。かなり大きな負担額になるでしょう。

適格請求書発行事業者に登録しない場合

　適格請求書発行事業者に登録をしてしまうと、消費税の納税義務が発生するなら、そもそも登録をせずに「適格請求書（インボイス）」ではなく、従来の請求書を発行すれば良いのではないかと考えるかも知れません。

　これは、法律的には問題はありません。しかし、請求書を受け取るクライアント側が嫌がる可能性があります。というのは、インボイスではない請求書の場合、クライアント側に余計な税負担が発生するためです。

　このあたりの話はややこしくなるため、興味があれば参考書籍や筆者のYouTube等を参照していただければと思いますが、いずれにしても登録をしない場合はクライアントから仕事の依頼を断られる可能性があります。

　このように、インボイス制度はフリーランスのWebエンジニアにとっては、なかなか頭の痛い問題です。しっかりと税の知識を身につけて、正しく納税しながら、利益を確保できるようにしましょう。

参考：インボイス制度ってなに？　フリーランサーがやるべきこと

https://www.youtube.com/watch?v=axH1gukSBQ4

Webエンジニアの仕事獲得術

　社員やアルバイトなど、組織に所属している場合、仕事は常に会社から与えられるため、「仕事を獲得する」という概念はないかもしれません。

　しかし、フリーランスになったり、自分の会社を立ち上げたりしたら、保証されたお給料もありませんので、常に仕事を獲得し続けなければ、仕事を続けられなくなってしまいます。

　また、正社員・契約社員などであっても「副業」が可能な会社の場合は、副業の獲得にも役立ちます。いずれにしても、以下の「仕事獲得法」を是非参考にしてみてください。

クラウドソーシングに応募する

　クラウドソーシングとは、仕事を依頼したい人と、仕事を受けたい人をマッチングするサービスのことで、Web開発の他、ライティングや写真撮影、簡単の事務仕事など、日々たくさんの仕事の依頼が投稿されています。代表的なクラウドソーシングサービスを紹介しましょう。

■ クラウドワークス

https://crowdworks.jp/

■ ランサーズ

https://www.lancers.jp/

　無料で登録すると、各案件に応募をしたり「スカウト」を受けられるようになります。これらのサービスで、自分でできそうな作業を見つけて、応募をしていき、仕事を獲得していくことができます。

プロジェクト案件とコンペ案件

　クラウドソーシングの仕事の種類には主に「プロジェクト案件」と「コンペ案件」というものがあります。それぞれ紹介しましょう。

■ プロジェクト案件

　応募者は、応募内容を確認して見積金額を提示します。そして、プロジェクト受注者が決定してからその見積金額（またはその後変更した金額）でプロジェクトを進めて、納品手続きをし、報酬を受け取るという仕事のスタイルです。

■ コンペ案件

　応募者は、応募内容に沿って完成した納品物を納品します。そして、その中で採用作品に選ばれると報酬が受け取れるという仕事のスタイルです。

■

　さて、どちらからチャレンジするとよいでしょう？　一見すると、プロジェクト案件の方が効率が良さそうに感じます。コンペ案件では、先に作業をしてからでないと、お金になるかどうかが分かりません。採用されなければ、全くの無駄足となってしまいそうです。

　しかし筆者は個人的には、コンペ案件からスタートすることをおすすめします。理由を紹介しましょう。

■ プロジェクト案件は、見積金額が不当に低くなる危険性がある

　プロジェクト案件は、見積り金額を提示するのですが、どうしても安く提示した人ほど受注しやすくなります。そして、クラウドソーシングで受注をしようとする「ワーカー」の中には、実績作りのために不当に安い金額で提示しているケースがあり、その見積金額に対抗しようとすると、およそ作業量に見合わないような金額で受注をすることになってしまうことがあります。

　プロジェクト案件に参加する場合でも、価格競争には巻き込まれないように気をつけなければなりません。

■ 実績がない状態では受注が非常に難しい

　金額で対抗せずに、多くの見積もり提示の中からプロジェクト案件を勝ち取るには、実績数やクライアントからの評価がポイントになります。これらが豊富なワーカーは、金額が多少高くても受注できる確率が高まります。

　しかし、登録したてのワーカーは、この「最初の実績・最初の評価」を得るまでが非常に大変で、先の通り価格競争に巻き込まれてしまいます。

■ 作業の見通しが立ちにくい

　プロジェクト案件の場合、発注するクライアント側もまだあいまいな状態で募集しているケースがあり、受注をした後で要件の内容が変わってしまう場合があります。もちろん、見積金額などは後から変更はできるものの、作業が次々に増えてしまって終わりが見えなくなってしまったり、自分のスキルに見合わないような内容になってしまうなど、最初の募集内容からは想像がつかないような状況に陥ってしまうことがあります。

■

　コンペ案件の場合は、このような危険性はないため安心ができます。当然最初のうちはなかなか採用にならず、無駄な作業を続けているように思えますが、コンペ案件をこなすうちに、どのような案件にはどのくらい時間がかかるのか、どんなスキルが必要なのかなどが見えるようになってきて、プロジェクト案件にも自信を持って応募ができるようになったり、またコンペで採用されれば実績や評価にも繋がるため、受注しやすくなるというわけです。

クラウドソーシングは最初の足がかりに。卒業を目指そう

　クラウドソーシングは手軽な反面、簡単な作業ほど多くの応募があるため、請けにくいとも言えます。また作業の手間や時間に見合わない、不当に安い金額で受発注されてしまっていることも現実です。

　そのため、クラウドソーシングでの仕事の受注は足がかりとして、この後紹介する直接の取引を目指していく必要があります。

知り合いエンジニアのお手伝い

　仕事の獲得方法としてより良いのが、同じ業界の先輩エンジニアから、仕事の一部を任せてもらうという方法です。これを「下請け」などと言います。

　クライアントから直接仕事を請ける場合（元請け、直請けなどといいます）、全ての責任を自分が追うことになるため、万が一の時に大きなトラブルになる事もありますし、見積もりの金額の調整だったり、契約のやり取り、お金のトラブルなどを含めて、本来の開発作業以外に考えなければならないことが多々あります。

　しかし、先輩エンジニアから仕事の一部を引き受けた場合は、すでにクライアントとの交渉などは済んだ状態ですし、引き受けた仕事の中でどうしても分からない部分があったり、うまくいかない部分は相談をすれば助けてくれるかもしれません。

　もちろん、すべてを頼り切るようではダメで、しっかり先輩エンジニアから学びながら、成長し続ける必要がありますが、特に最初のうちはやはり誰かが一緒にいてくれるというのは

非常に心強いと言えるでしょう。

　先輩エンジニアを見つける方法は、この後紹介します。

頼り切りは危険

　先輩エンジニアに気に入ってもらえると、次々に仕事を依頼されて、いつの間にかその先輩としか仕事をしていないといった状態になりがちです。

　これは、うまくいっているときは非常に仕事がしやすいのですが、取引先を広げていかないと、いざという時に非常に危険です。その先輩の気が変わって、どこかの会社に就職してしまうとか、体を壊してしまって仕事ができなくなってしまうなど、いろいろな要因で仕事が途切れてしまうことがあります。

　仕事を請ける先は、最低でも3社（3人）くらいからバランス良く受けるようにし、常に新しい取引先を広げていくようにしましょう。

知り合いからの紹介を受ける

　下請けの仕事をがんばっていると、やがてクライアントをご紹介して頂けることがあります。そしたらいよいよ、元請けとしてクライアントと直接の取引をしていきます。

　元請けは、先の通り仕事に取りかかる前後に、事務仕事や交渉、見積もりなどさまざまな面倒なことが発生しますが、その分大きな取引額になることもあり、またそのクライアントさんに気に入ってもらえたら、継続して案件をもらえたり、他のクライアントを紹介してくれたりします。

　この「紹介」というしくみがうまく回り始めると、仕事の獲得はグッと楽になります。

Webサイト、ポートフォリオやSNSから仕事を受ける

　自身でWebサイトを開設して情報を発信していたり、SNSでWebに関する情報などを発信していると、見知らぬ方から「これについて詳しいみたいなので、ぜひ助けて欲しい」といった依頼が舞い込むことがあります。

　自分が得意な分野についての情報を積極的に発信していると、やがて「この分野の専門家」といった認識がされるようになり、それらの依頼が舞い込んでくるようになります。

セミナーや勉強会などで登壇をして知り合う

　セミナーや勉強会などで「講師」として招かれて、登壇をするという機会があったりすると、そのセミナーなどの参加者から、後日仕事の依頼が来ることがあります。また、登壇者

同士で知り合いになれたり、参加者と仲良くなって仕事を紹介してもらえたり、クライアントを紹介してもらえる事もあります。

「つながる」ことが重要

　Webの仕事の場合、「つながり」というのは非常に大切です。Webサイトを開設してお問い合わせフォームを設置しておけば、すぐに仕事が舞い込んでくるというほど、簡単な世界ではありません。安い買い物ではないため、誰もが「信頼できる人に仕事を依頼したい」「実力のある人に依頼したい」と思っています。

　逆にそれがかなえば、金額は安くなくても構わないと思っていますし、そうなれば価格競争に巻き込まれずに済みます。それには、常に自身が学習し続けて、その成果を自身のWebサイト（ブログなど）やSNSで情報発信し続ける事が大切です。

　また、勉強会やセミナーなど、業界の仲間達が集まる場にも積極的に顔を出して、自身の持っている知識や得意な分野などを発信していきましょう。

こぼれ話　☕　筆者の場合

　筆者の場合、幸いにも独立をする前、会社員の時に副業として「雑誌のライター」と「社会人向けスクールの講師」という仕事を、週末や平日の夜にやっていました。そのため、独立直後もある程度の収入はある状態でスタートができました。
とはいえ生活に余裕があったわけではなく、その後は求人サイト（当時はクラウドソーシングなどはなかったので、一般的な求人サイト）に、「就職する気はないが、業務委託で仕事ができないか」といった問い合わせをしたりしながら、少しずつ仕事先を広げていきました。

　独立直後は、とんでもない「ブラック」な現場に当たってしまって、徹夜や夜間にタクシーで職場に向かうみたいなことも当たり前といったことがあったり、理不尽な恫喝を受けた仕事などもあったのですが、徐々に自分なりに受ける仕事を選んで、良いクライアントさんの仕事だけに絞っていって仕事を続けることができました。

　独立やフリーランスはキラキラしているように見えますが、実際はなかなかに大変な業界ではあります。

1・6

Web開発の種類

　Web開発をする場合、クライアントに依頼をされて制作をするのか、それとも会社の事業として制作しているのかなどによって、求められるスキルや適性が変わることがあります。
　ここでは、Web開発の種類について紹介しましょう。

受託開発

　受託開発は、他の企業などから依頼を受けて、その依頼内容に沿ったWebサイトやWebのシステムを開発し、依頼者（クライアント）に納品をするという仕事のスタイルです。

　開発にかかる工数やコストから「開発費用」を見積もって依頼者に提示し、納品が終わったらその金額を請求してその仕事を終わらせます。その後は、また別の依頼者からの仕事や、同じ依頼者であっても別の仕事を引き受けて、制作していくといった仕事のスタイルが主になります。
　契約形態によっては、運用や開発の継続などを行って、ずっと同じ依頼者の元で制作・開発を続ける場合などもあります。
　会社の場合はもちろん、フリーランスなどは受託開発が、確実に収入が得られて仕事しやすいスタイルでしょう。

自社開発・個人開発

　自社開発・個人開発は、受託開発と違って依頼者は存在せず、社内のプロデューサー、プランナー（または自分自身）といった企画を考える人達が考えた企画を元に、制作を行うというスタイルです。制作したものは自社で運用を行い、利用者を増やしながら利用料や広告料などで売上を立てていきます。

基本的には、ずっと自社のサービスを維持・運用していくスタイルで、そこで働くクリエイター達も、同じものを作り続けていく形になります。

受託開発・自社開発のメリット・デメリット

受託開発と自社開発には、どちらにもメリットやデメリットがあります。

■ 受託開発

受託開発の場合、さまざまなクライアントの依頼を引き受けるため、常に新鮮な気持ちで仕事に取り組むことができます。

新しい技術も採用しやすく、チャレンジもしやすいのが特徴です。また、企業としては開発が終われば、まとまった売上を得ることができるため、資金繰りがしやすく、少人数でも仕事量を調整して経営しやすいため、小規模な Web 制作会社が多い特徴があります。

ただし、景気などに左右されやすく、仕事量が一定にならないため、非常に忙しくなってしまう時期と、まったく仕事がない時期などと波があったり、売上のめどが立てにくいなどのデメリットもあります。

■ 自社開発

自社開発の場合、一度ビジネスが軌道に乗り始めると安定した売上を得やすく、また仕事の忙しさも調整がしやすいため、安定して仕事に取り組むことができます。

新しい技術などを常に追い続ける必要もなく、ある程度計画性を持って仕事に打ち込むことができます。

ただし、企業としては最初の開発時に多額の資金が必要となる上に、完成するまでは売上が得にくく、また開発が終わった後も、利益が生まれるまでの間の広告宣伝費や営業費用などが必要となるなど、資金繰りに苦労することがあります。

■

どちらのスタイルが良いということはないため、自身が求めていることや、自身の仕事のスタイルに合わせて、選ぶと良いでしょう。

派遣会社・SES

> 制作会社やネット事業会社で、大規模なプロジェクトなどが開始されたときに、一時的にWebエンジニアが不足した場合、戦力として相手先の会社に常駐するなどして開発に参加するというスタイルです。

派遣やSESなどの相手先に常駐して行う仕事は、受託開発以上に仕事自体の数は多くあります。派遣とSESの違いは、依頼主との契約形態の違いにあります。

業務委託

フリーランスエンジニアがクライアントの企業と仕事をするときに結ぶことが多い契約形態です。あるプロジェクトの開発を依頼されて、その開発に携わります。業務委託は、契約の形態によってさらに次のように細かく分かれます。

■ 請負契約

業務の「成果物」の納品を約束し、それに対して報酬が支払われる契約形態です。例えば、Webサイトの制作を「請負契約」で請け負った場合、Webサイトを完成させて「納品物」として納めるという契約形態です。

■ 委任契約・準委任契約

成果物の納品は行わず、業務を行う時間などによって報酬が発生する契約形態です。運用されているWebサイトの保守業務や、監視業務、コンサルティング契約などがこれに当たります。SESが行う契約形態もこちらになります。

なお、委任契約というのは一般的に弁護士や税理士などの「法律行為」を行う業務を指すため、Web制作では「準委任契約」である場合が多いです。

派遣契約

派遣契約の場合、業務委託とは違って「仕事」を引き受けるというよりは「労働者の派遣」を行い、派遣先の企業がその労働者に指揮命令をすることができるという契約形態です。派遣契約を行うには、派遣元の企業に「労働者派遣事業許可」という厚生労働省による許可が必要で、これには多くの条件を満たしていなければなりません。

Webエンジニアが知っておきたい税金・保険の話

　本章では、Webエンジニアの「働き方」として、個人事業主や法人化などについても紹介しました。どんな働き方を選ぶかは、自分のやりたいことや将来などを考えることも重要ですが、切っても切り離せないのが税金や保険といった「お金」の話です。

　ここでは、お金についての最低限の話もしっかり知っておきましょう。

所得税

私たちが支払う税金の中で、最も身近な税金です。「所得」とは、収入から各種経費を差し引いた金額のこと。正社員や契約社員の場合は、給与を受け取るときにあらかじめ所得税を会社が預かって、残った金額が支払われます。

　所得税には、扶養家族がいれば「扶養控除」、医療費がかかっていれば「医療費控除」など、多くの控除（所得から差し引ける金額）があるため、本来はこれらを差し引かなければなりません。

　そこで、毎年年末に「年末調整」という手続きを雇用されている会社に対して行い、ここで各種控除などを申告することで、会社から預かりすぎた所得税を返してもらうことができます。これを「還付」といいます。

　個人事業主の場合は、所得税を納める手段が異なります。個人事業主の場合、毎年3月までに前年の1月から12月までの所得を、自分で申告をして所得税を納めなければなりません。この手続きを「確定申告」といいます（個人事業主のほか、家賃収入などがある場合や副業などで、複数の箇所から給与を受け取っている場合なども確定申告が必要です）。

　毎年3月の確定申告の時期が近づいてくると、フリーランスの方で申告書類の書き方や領収書などの整理などで、かなりの時間がとられてしまい、仕事の忙しさと合わせて阿鼻叫喚になっている場面をよく見かけます。

　日頃から、レシートや領収書を整理しておいたり、できるだけ早めに確定申告の準備を進めていきましょう。

累進課税

🗒 所得税の特徴は「累進課税」と呼ばれるしくみで、これは所得の金額に応じて税率が変化するという複雑なしくみです。

　2024年現在の税率は、表の通りで最初は5%から始まって、900万円以上で33%、4,000万円以上になると、実に所得の45%を所得税として納税しなければなりません。

課税される所得金額		税率	控除額
1,000円 から 1,949,000円まで		5%	0円
1,950,000円 から 3,299,000円まで		10%	97,500円
3,300,000円 から 6,949,000円まで		20%	427,500円
6,950,000円 から 8,999,000円まで		23%	636,000円
9,000,000円 から 17,999,000円まで		33%	1,536,000円
18,000,000円 から 39,999,000円まで		40%	2,796,000円
40,000,000円 以上		45%	4,796,000円

※出典：国税庁 No.2260　所得税の税率（最新の税率表は、以下Webページでご確認ください）
https://www.nta.go.jp/taxes/shiraberu/taxanswer/shotoku/2260.htm

　この累進課税が、個人事業主のまま収入が増えていくと所得税がどんどん増えていってしまう原因になります。仕事が軌道に乗って収入が増えてきたら、「法人化」を考えるタイミングなのかもしれません。

法人税

🗒 会社（法人）が支払うべき基本となる税金。個人でいう所得税に当たるものです。

「法人にすると税金が安くなる」とよく言われますが、これは先の通り所得税が累進課税で、収入が増えると所得税額がどんどん増えてしまうのに対し、法人税は所得税よりも税率が低くなる場合が多いためです。

先の通り、同じ900万円の所得があった場合、所得税だと33%なのに対して、法人税の場合は20%程度で収まる場合が多いです。そこで、よく言われているのが「年収1,000万円を超えたら法人化」というもの。1,000万円を超えると、インボイス制度（1-5参照）に関わらず消費税の納税義務も発生するため、それもあって1,000万円というのがボーダーラインになっています。

ただし、安易に法人化をしてしまうと税金が安くなる代わりに、そのほかの部分でさまざまな費用が発生する場合もあります。それぞれ紹介しましょう。

社会保険

法人が加入する年金・保険制度で、法人には加入義務があります。

法人税の方が所得税よりも税率が安くなるからといって、安易に「法人成り」をしてはいけません。「保険」と「年金」のこともしっかり考えておかないと、負担が大きく増えてしまう場合もあります。

Chapter1・4でも紹介したとおり、個人事業主の場合、保険と年金はそれぞれ「国民健康保険」と「国民年金」に加入します。しかし、法人化をした場合は「社会保険」に会社として加入する必要があります。

「社会保険」とは、健康保険、介護保険、厚生年金保険と労働保険、雇用保険を組み合わせた総称で、社員と会社で負担をします。この「会社で負担をしている」という部分が落とし穴。

自分が正社員や契約社員で、会社に雇われている身だった場合は、給与から天引きされている保険料しか見えていませんが、実は社会保険はそれと同じくらいの金額を会社側が負担しているのです。

　そして、法人化をした場合は当然ながらその負担は、「自分の会社」が負担しなければなりません。個人事業主の頃と比べると、この社会保険の負担額が非常に大きくなってしまいます。

決算手続きの落とし穴

　さらに、法人になると税務署に提出する確定申告の書類は個人事業主のそれとは全く異なり、かなり複雑な「決算書」という書類群になります。

　個人事業主の確定申告は、自分自身で作成して申告することもできますが、決算書となると「税理士」の力を借りなければ、とても自分で作れるような書類ではありません。

　この税理士に決算書を作ってもらうための費用が、年間で数十万円程度必要となります。さらに、社会保険周りの手続きに社会保険労務士、会社の各種届け出などに行政書士など「士業」の力を借りる場面が多くあり、これらの費用も個人事業主の時よりは負担が増えていきます。

役員報酬の落とし穴

　「会社を作る」といった場合、自分の所有物になるという感覚を持つかもしれません。しかし、実際には「法人」という言葉に「人」という言葉が入っているとおり、自分とは「別の人格を増やす」という感覚になります。

　例えば、自分で仕事をして得た売り上げを会社の売り上げとした場合、そこで入ってきたお金はあくまで「法人」のものであって、自分が自由にできるお金ではありません。下手をすると「横領」として、罪に問われることすらあります。

　会社に入った売り上げを、自分のものにするには「給与」または「役員報酬」という形で、法人から自分に払ってもらって、初めて自分のお金となります。

　そして、やっかいなのがこの「役員報酬」という制度です。例えば、1人で会社を立ち上げる場合、自分は「代表取締役」という役職になります。いわゆる「社長」のことです。

　この、代表取締役という役職は「役員」という役職の1つで、会社からは「役員報酬」という形で毎月の支払いを受けることができます。

しかしこの役員報酬、1度決めると1年間は変更することができず、会社の売り上げがあろうとなかろうと、一定額しかもらうことができません（上場企業の場合は、業績に連動した役員報酬にすることもできますが、非上場企業には認められていません）。また賞与、いわゆるボーナスも簡単にはもらうことができません。これは、役員が節税のためだけに会社を自由に操作できないようにするため。

そのため、どんなに売り上げが上がっても、役員報酬を低い金額に設定してしまったために、会社にお金が残っているのに手元に移すことができないとか、逆に会社の売り上げが少ないのに、役員報酬を高く設定してしまい、会社のお金が常にないといった具合に、資金繰りに困ることもあります。

なぜ法人化するの？

さてここまで聞いて、最初の「税金が安くなる」というメリットは吹っ飛んでしまったのではないでしょうか？　それは正しいです。

「税金が安くなるから」などという安易な理由で、法人化を検討するべきではありません。では、どんなときに法人化をするのが良いのでしょう？

■ 社員を雇って一緒に事業をしていきたい

もし、エンジニアの仲間を集めて、大きな仕事ができるようにしたいとか、一緒に仕事をしていきたいなどの場合は、法人化をしてメンバーとして迎え入れると良いでしょう。

■ 大企業・官公庁と取引をしたい

仕事の規模によっては、個人事業主のままでは契約ができないというような仕事も出てきます。そんなときに法人化をして、その企業と取引ができるようにすることがあります。

■ 夫婦や家族で、節税をしたい

本書では詳しく紹介しませんが、法人化をする場合でも例えば配偶者（自分の妻または夫）を代表取締役にして、自分は社員とするとか、自分の両親を役員にするなど、さまざまな手段を使うことで、節税につなげられることがあります。

安易には判断せず、少しずつ「お金」や「税金」に対する知識を身につけながら、自分に合ったやり方を見つけていくと良いでしょう。

Chapter

2

フロントエンドエンジニア
初級編

この章では、簡単なWebページを作りながら、
Webのしくみや HTML、CSS について学んでいき
ます。
たくさん知らない言葉や技術が出てくると思いま
すが、ゆっくり1つずつ理解しながら読み進めてい
きましょう。

2・1

開発エディタ

用語解説

　Webサイトの開発などで利用されるエディタソフトで、現在は
Visual Studio Codeが非常に人気がある。
　通常のテキストエディタと違い、多数のファイルを同時に扱っ
たり、プログラムを作成するときの助けになる機能が多く搭載さ
れているのが特長。

　ネットを通じてさまざまな情報や機能を提供できるWebページ。このWebページを作るためには「HTML」と呼ばれるコンピュータ言語が必要です。この章では、実際に手を動かしながら、HTMLを学んでいきます。

図2-1-1：**これから作るWebページの完成形**

私の学習ノートを紹介します。

目次

- HTMLとは

参照： MDN Web Docs

開発エディタを準備しよう

　HTMLを作成するためには、「エディタソフト」が必要です。Windowsには「メモ帳」、macOSには「テキストエディット」というエディタソフトが標準で備わっているほか、無償・有償のものを含めてネット上には数多くのエディタソフトがあるため、エンジニアはそれぞれ好みのエディタソフトを利用しています。

　中でも近年非常に人気が高いのが、Microsoftが開発している無償のエディタソフト「Visual Studio Code（以下、VSCode）」です。Windows/macOSともに対応していますので、この機会にインストールしておくとよいでしょう。

　まずは、VSCodeの公式サイトにアクセスします。

Chapter 2

フロントエンドエンジニア初級編

■ Visual Studio Code

https://code.visualstudio.com/

　ダウンロードボタンをクリックすると環境別のダウンロードボタンが表示されるので、自分の環境に合ったものを選んでクリックしましょう。

図 2-1-2：「Download for free」ボタンをクリック

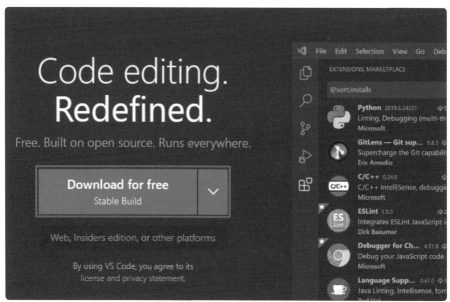

Windowsの場合

Windowsには現状、x64（Intel 64bit）とArm64というプラットフォームがあります。自分が使っている環境に合わせてダウンロードをする必要があります。自分が使っている環境が分からない場合は、スタートボタンを右クリックして「設定」をクリックしたら「システム→バージョン情報（詳細情報）」を開き、「システムの種類」という項目の記載を確認しましょう。

図 2-1-3：「**システムの種類**」を確認

「システムの種類」が「ARMベースプロセッサ」となっている場合、Visual Studio Codeの画面下の「Other downloads」をクリックして、「User Installer」の「Arm64」というボタンをクリックしてセットアップしましょう。

図 2-1-4：「Other downloads」を**クリック**

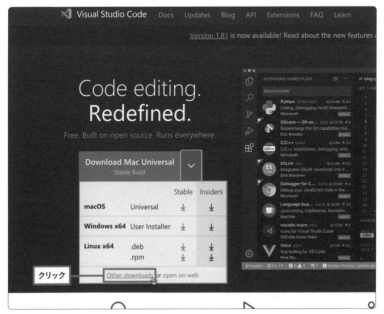

図 2-1-5 : 「ARMベースプロセッサ」環境の人は「Arm64」をクリック

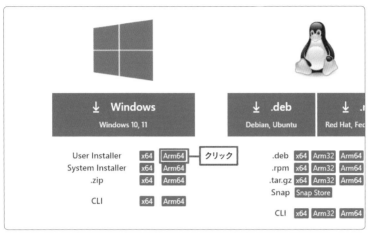

ダウンロードしたら、セットアッププログラムをダブルクリックしてセットアップを進めていきましょう。「次へ」をクリックしていけばセットアップ完了です。

macOSの場合

現在、Macには「Appleシリコン（M1/M2シリーズ）」というものと「Intelチップ」という種類があります。

自分が使っている環境がどちらか分からない場合は、右上のアップルメニューから「このMacについて」をクリックすると、「チップ」または「プロセッサ」という項目に「Intel」または「Apple」と記載されています。

図 2-1-6 : 「**チップ**」または「**プロセッサ**」の表記を確認

環境に関わらず、基本的には「Universal」と記載されているものをダウンロードすれば利用することができますが、それぞれに最適化されたものも配布されているため、「Other downloads」をクリックして、ダウンロードしても良いでしょう。

図2-1-7:「Apple シリコン」か「Intel チップ」、または「Universal」を選ぶ

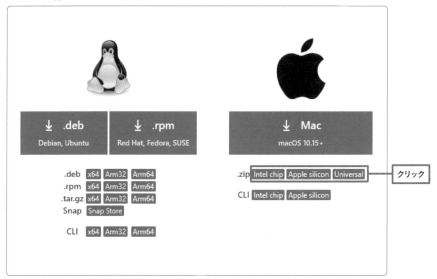

ダウンロードしたら、Finderでファイルをアプリケーションフォルダにコピーしておきましょう。ダブルクリックすれば起動完了です。

フォルダを開こう

VSCodeは、単なるエディタとしての機能だけではなく、ファイルのコピーや削除、フォルダの作成など、ちょっとしたファイルの作業なども行える「エクスプローラーパネル」というパネルが準備されています。

これを活用するには、VSCodeで「フォルダ」を開いておく必要があります。ここでは、本書で作成するサンプルプログラムを保管しておくためのフォルダを作成して、常にそれを開いた状態で作業をしていくと良いでしょう。

ここでは、デスクトップに「webengineer_book」というフォルダを作成し、VSCodeの「ファイル→フォルダーを開く」メニューから、開きました。エクスプローラーパネルが図のようにフォルダ名に変わります。

図2-1-8：**エクスプローラーパネルでフォルダが開かれる**

　なお、このとき図2-1-9のような警告が表示される場合がありますが、自分で作成した
フォルダであれば信頼して問題ありません。

図2-1-9：**エクスプローラーパネルでフォルダが開かれる**

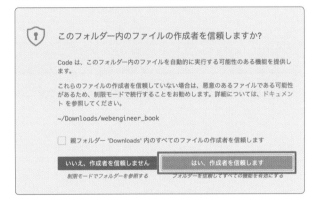

プロセッサ・チップ

　プロセッサ（Processor）は、PCの主要なパーツの1つで、数値の計算や画面に
表示する内容の演算、ディスプレイの制御、情報の管理などあらゆる作業を行ってい
る中心的なパーツ。「中央演算処理装置」や「CPU（Central Processing Unit）」など
とも呼ばれます。また、このパーツが薄い板の形状をしていることから「チップ（Chip：
切り屑といった意味）」とも呼ばれます。

これまで、PC用のプロセッサは米国のIntel（インテル）というメーカーが多くを開発して、Windows機でもMacでもIntel（またはIntelの互換プロセッサ）のプロセッサが採用されていました。しかし、近年Appleは自社が開発した「Appleシリコン」と呼ばれるプロセッサに切り替えを行っています。また、MicrosoftもARM（アーム）アーキテクチャというプロセッサを基に、独自に開発したプロセッサ（SQ1）を採用したPCを発売するなどで、プロセッサの種類が分かれてしまいました。

ソフトウェアは、基本的にプロセッサによって動作するものが異なってしまうため、自分が使っているプロセッサに合ったものを利用する必要があります。

ビット

> ビット（bit）は、コンピュータが情報を扱うときの最小単位で、1ビットで2種類の情報を扱うことができます。例えばONとOFFや、正と負、0と1などの2種類の情報が「1ビット」の情報量になります。

ダウンロードページに表示される64bit（x64）というのは、そのコンピュータが1度に扱えるデータ量のことで、利用しているプロセッサの性能によって変わります。Intelのプロセッサは世代によって、「x64」とか「x86」などと呼ばれており、64bitプロセッサのことを「x64」と呼びます（こぼれ話参照）。

こぼれ話　x64 / x86という呼び方

x64は、本文の通りIntelのプロセッサの「世代」を表す愛称です。64bitのプロセッサをx64、それ以前の32bitや16bitのプロセッサを「x86」などと呼びます。

x86の「86」という数字は、その頃開発されていたIntelのプロセッサの型番が「Intel 8086」「Intel 80186」、「Intel 80286」等だったことから「80x86」という愛称になり、最初の80が省略されて「x86」という愛称になりました。この流れで、64bitプロセッサになったときに「x64」という愛称になったというわけです。

こぼれ話 ☕ Intel 互換プロセッサ

- - - - - - - - - - - - - -

　Windowsで特に「ゲーミングPC」などを利用されている方は、「Ryzen（ライゼン）」というプロセッサの名前を聞いたことがあるかもしれません。このプロセッサは「AMD」というプロセッサメーカーが開発していて、Intelのプロセッサではありません。しかし、このプロセッサは「Intel互換プロセッサ」と呼ばれ、Intelのプロセッサと同じソフトウェアが動作します。

　かつては、このようなIntel互換プロセッサを開発しているメーカーは他にもあり、価格が安かったことから格安PCなどで採用されていたものの、現在ではAMDが残っている程度になっています。

こぼれ話 ☕ Rosetta

- - - - - - - - - - - - - -

　Intelのプロセッサ用のソフトウェアは、Appleシリコン上では動作しないと紹介しましたが、実は（ややこしいのですが）Appleシリコン上でも動作します。

　これは、macOSに同梱されている「Rosetta（ロゼッタ）」という技術が搭載されていて、Intelプロセッサ用のソフトウェアを変換して動作させているため。Appleが、搭載するプロセッサを変更するために、過去との互換性のために搭載しているソフトです。とはいえ、Appleシリコン用のソフトウェアがある場合は、そちらを使った方が動作速度や安定性が向上します。

■ Mac に Rosetta をインストールする必要がある場合

https://support.apple.com/ja-jp/HT211861

VSCodeを日本語環境にしよう

VSCodeは、標準では英語で起動してしまいます。初回の起動時は右下に図のような案内が表示されるので、日本語化して再起動することができます。

図2-1-10：**日本語化の案内メッセージ**

もし、この案内が表示されなかったり閉じてしまった場合は、次の手順で日本語化しましょう。

起動したら左側の「Extensions」をクリックします。図2-1-11のようなパネルが展開されるので、一番上の検索窓に「japanese」などと入力しましょう。

図2-1-11：**「Extensions」をクリック**

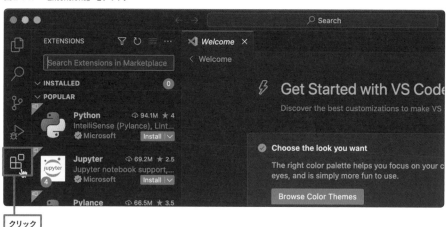

図2-1-12：「japanese」と入力して「Install」をクリック

　図2-1-12の拡張機能が見つかるので、これをクリックして「Install」ボタンをクリックします。右下に図2-1-13の案内が表示されるので「Change Language and Restart」ボタンをクリックして再起動します。これで日本語として起動されます。

図2-1-13：インストール後、「Change Language and Restart」をクリック

図2-1-14：日本語の表示になった

VSCodeのテーマを変えよう

　VSCodeは標準では、いわゆる「ダークテーマ」が利用されていて、暗めの画面になっています。テーマは左下の「管理」ボタンから「テーマ→配色テーマ」をクリックすると変更することができます。本書では、もう少し明るめのテーマの「Solarized Light」を利用しています。好みのものを利用しましょう。

図2-1-15：「管理」から「テーマ→配色テーマ」をクリック

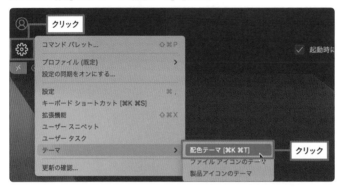

図2-1-16：「Solarized Light」の表示

HTMLファイルを作成しよう

　それでは、HTMLのファイルを作成してみましょう。VSCodeで「ファイル→新しいテキストファイル」メニューをクリックしましょう（Windows版の場合は、左上のメニューボタンをクリックしてメニューを表示します）。エディタに文字を入力できる状態になります。

　ここに、次のように入力しましょう。

chapter02/index.html

```
Study note
```

図 2-1-17：入力したところ

　これを保存します。メニューから「ファイル→名前をつけて保存」をクリックします。「デスクトップ」を選んで（macOSの場合は、iCloud→Desktopの場合があります）、「index.html」と名前をつけましょう。「保存」ボタンをクリックしましょう。

図 2-1-18：**名前を付けて保存する**

　デスクトップ上に、図2-1-19、図2-1-20のようなアイコンのファイルができあがっていれば成功です。もし、図2-1-21のようなアイコンになってしまっていたり、ファイルができあがっていない場合は再度作業をやり直しましょう。

図2-1-19：**アイコン例（1）**　　　図 2-1-20：**アイコン例（2）**　　　図 2-1-21：**拡張子が「txt」になっているアイコン**（間違い）

これが、「HTML」ファイルとなります。といっても、単に文章を入力しただけですが、これを「Web ブラウザ (以下、ブラウザ)」に読み込ませれば、きちんと Web ページとして表示されます。次の節で実際に確認してみましょう (ここではまだ確認しません)。

拡張子

 ファイルには、その種類を区別するためにファイル名の後にドット (.) でつないで、1文字から4文字程度のキーワードが付加されます。これを「拡張子」といいます。

　例えば、HTML ファイルは「.html」か「.htm」、テキストファイルは「.txt」、Microsoft Word のファイルは「.doc」または「.docx」など、扱うソフトウェアやファイルの種類によって決められています。

　そのため、もし HTML を記述したファイルでも、拡張子を「.txt」として保存してしまうと、正しく Web ページとして扱えないことがあります。気をつけてファイル名をつけましょう。

拡張子を表示しよう

　この拡張子ですが、標準では表示がされていないため拡張子が見えない場合があります。次の方法で表示できるようにしましょう。

■ Windows

　エクスプローラーの「表示」メニューから「表示→ファイル名拡張子」をクリックします。

図 2-1-24：「ファイル名拡張子」をクリック

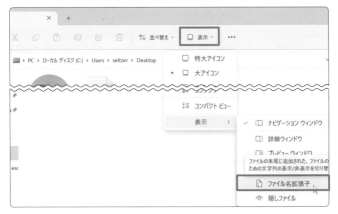

■ macOS

Finderを表示したら、左上の「Finder」メニューをクリックし、「設定→詳細」で「すべてのファイル名拡張子を表示」にチェックを入れます。

図2-1-25：**「設定」をクリック**

図2-1-26：**「すべてのファイル名拡張子を表示」をクリック**

こぼれ話 ☕ **拡張子が3文字の理由**
- -

拡張子は「.htm」や「.jpg」、「.txt」など3文字以内であることが多いです。これは、Windowsの前身の基本ソフトである「MS-DOS（エムエスドス）」という基本ソフトが、3文字までの拡張子しかつけることができなかったため。

現代では、例えば「.html」とか「.jpeg」、「.text」など、4文字以上の拡張子をつけることもできるのですが、「.html」は浸透したものの、「.jpg」や「.txt」などはなぜか昔のまま、3文字以内になっています。

長いものでは、例えば「マークダウン」という文章形式の拡張子で「.markdown」という8文字のものなどもあります。

2・2

Webブラウザ、レンダリングエンジン

用語解説

「Webブラウザ」はWebサイトを閲覧するための専用ソフト
(アプリ)。WindowsにはEdge、macOSにはSafariが標準で搭
載されているが、他にもさまざまなWebブラウザが開発されてし
のぎを削っている。特に、Googleが開発する「Chrome」は
Androidの各端末をはじめ、PCやiOSでも広く利用されている。
　Webブラウザの性能を決める要素の1つに「レンダリングエン
ジン」と呼ばれるエンジンがあり、HTMLを解釈したり画面にそ
れを再現する役割をしている。Webブラウザは、このレンダリン
グエンジンの種類によって表示内容が変化する。

　前節で作成したHTMLファイルを確認するには、「Webブラウザ」が必要です。Web
ブラウザは通常、WindowsにはMicrosoft Edgeが、macOSにはSafariが標準で搭載さ
れているため、これを使ってWebページなどを見ることができます。

　しかし多くのWebエンジニアの場合は、Web制作にはこれらのソフトは使わず、
「Google Chrome（以下、Chrome)」や「Firefox」といった、別途入手できる他のブラウ
ザを利用していることも少なくありません。

　ここでは、Google Chrome（以下、Chrome）をインストールしてみましょう。

Chromeのインストール

　まずは、EdgeやSafari等のWebブラウザを使って、次のサイトにアクセスします。

■ Google Chrome
https://www.google.com/chrome/

真ん中あたりにある「Chromeをダウンロード」をクリックします。

図 2-2-1：**ボタンをクリックしてダウンロードする**

Windows の場合

　ダウンロードした実行ファイルをダブルクリックで起動して、セットアップします。セットアップが終わったら、スタートボタンをクリックして「すべてのアプリ」をクリックします。

　そして Chrome を起動しましょう。

macOS の場合

　ダウンロードしたファイルをダブルクリックして、ディスクイメージを開きます。ディスクイメージ内の Chrome をアプリケーションフォルダにドラッグします。Launchpad を開いて、Chrome を起動しましょう（または、Finder を開いて、アプリケーションフォルダ内の Chrome をダブルクリックします）。

　これで、Chrome が利用できるようになります。

作成したファイルを確認しよう

　ここでは、Chrome を使って前節で作成した HTML ファイルを確認してみましょう。先のファイルがデスクトップ上に見えている状態で、Chrome のウィンドウを隣に表示して、ファイルをドラッグしましょう。すると、Chrome のウィンドウにファイルが表示され、表示を確認できます。

図 2-2-2：Chrome にファイルをドラッグする

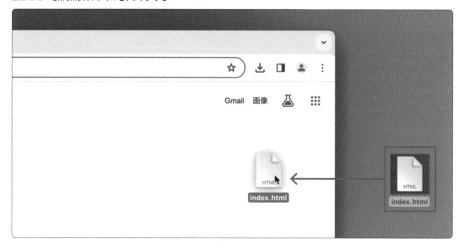

図 2-2-3：Web ページが表示される

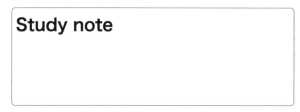

これ以降の手順でも、Chrome を使って確認していきましょう。また、もちろん普段利用する Web ブラウザとしても非常に使いやすいブラウザなので、積極的に利用していくと良いでしょう。

Web ブラウザの違いについて

では、「Microsoft Edge」や「Safari」と「Google Chrome」といったブラウザの違いはなんなのでしょうか？　それが「レンダリングエンジン」の違いです。

先ほど試した通り、HTML ファイルをブラウザに読み込ませると文字が表示されました。実はこの作業をしているのは、Web ブラウザに内蔵された「レンダリングエンジン」と呼ばれるエンジン部分です。

普段ネットを利用する程度であれば、このレンダリングエンジンのことを意識する必要はありません。それは、例えば車を運転する人が、中のエンジンのしくみのことまで詳しく知る必要はなく、故障したときは修理屋さんにお願いすれば良いのと同じです。

しかし、その修理を行う「エンジニア」は当然ながら、エンジンのしくみを理解しておく必要があります。同様に、Webエンジニアならこのレンダリングエンジンのことも理解しておかなければなりません。

レンダリングエンジンの種類

レンダリングエンジンにはそれぞれ名前がつけられていて、ブラウザはどのレンダリングエンジンを採用するかをそれぞれ決めています。まずは、各ブラウザが採用しているレンダリングエンジンを確認しておきましょう。

ブラウザ	レンダリングエンジン
Safari	Webkit
Google Chrome	Blink
Opera	
Microsoft Edge	
Firefox	Gecko
旧Edge	EdgeHTML
Microsoft Internet Explorer	Trident

面白いことに、Chromeというブラウザと Edgeというブラウザは開発しているメーカーも違えば、ブラウザの機能などもまったく異なるのに、採用しているレンダリングエンジンは同じものになっています。その理由はコラムをご参照ください。

では、なぜ各ブラウザのレンダリングエンジンを意識する必要があるのでしょう？　それは、使われているレンダリングエンジンによって表示されるWebページの様子が異なるためです。

例えば、まったく同じWebページをSafariと Edgeでそれぞれ表示してみましょう。一見すると同じように見えますが、文字の大きさや字間・行間などが若干異なっていることが分かります。

もっともっと複雑なことをしようとすると、Edgeでは正しく表示されるが、Safariでは正しく表示されないといったことも起こります。

これは、同じHTMLの内容が渡されたときに、それを解釈して画面を作り出すのがレンダリングエンジンの役割であるため、そのエンジンのしくみや性能によってできることや結

フロントエンドエンジニア初級編

図 2-2-4：左側が Safari、右が Edge

学習ノート

私の学習ノートを紹介しま

目次

- HTMLとは

参照：MDN Web Docs

学習ノート

私の学習ノートを紹介します。

目次

- HTMLとは

参照：MDN Web Docs

果が異なるからなのです。

　Webエンジニアは、このレンダリングエンジンの違いを理解して、それぞれのブラウザで正しく表示、動作するWebページを作成しなければなりません。

ブラウザとレンダリングエンジンの複雑な関係

　このレンダリングエンジンとブラウザの関係ですが、iPhoneやiPadなどの「iOS」デバイス上では、さらに複雑です。Google ChromeもFirefoxもEdgeも、iOS版のレンダリングエンジンはいずれもWebKitです。

　これは、AppleがiOS向けアプリの開発の方針として、レンダリングエンジンの独自開発を認めておらず、Appleが準備しているiOS版Safariと同じレンダリングエンジンを利用しているためで、ブラウザの名前が同じなのに、別のレンダリングエンジンが使われているのです。

　さらに例えば、Windows版のMicrosoft Edgeというブラウザは、開発の途中でレンダリングエンジンが変更されていて、開発当初は「EdgeHTML」というレンダリングエンジンだったのを、2020年からBlinkに変更しています。

　Operaも同様、当初は独自のレンダリングエンジン（ElektraやPrestoというレンダリングエンジン）だったのが、WebKit、その後Blinkといった具合に変更されてきました。

　このように、Webブラウザにとってレンダリングエンジンは心臓部であり、さまざまな経緯を経て開発・変更されていることを理解しておきましょう。

WebKit、Blinkが進めたブラウザの統一化

本文の通り、以前はWebブラウザごとに独自にレンダリングエンジンを開発するというのが一般的で、ブラウザごとにレンダリングエンジンが乱立していました。

以前のブラウザとレンダリングエンジン

Webブラウザ	レンダリングエンジン
Microsoft Internet Explorer	Trident
Microsoft Edge	EdgeHTML
Firefox	Gecko
Opera	Elektra, Presto
Safari	WebKit

しかし、Appleが独自のWebブラウザを開発する際、レンダリングエンジンを独自で開発せずに、「オープンソース（特典のChapter4・3参照）」として開発が進められていた「KHTML（ケーエイチティーエムエル）」というレンダリングエンジンに注目します。

オープンソースのプログラムは、利用規約を遵守すれば、自由に利用したり改造することができるため、Appleはいちからレンダリングエンジンを開発する必要がなく、Webブラウザを準備できるのです。

Appleはこの「KHTML」をベースに「WebKit」というレンダリングエンジンを開発し、これを同社の「Safari」に搭載します。そして、WebKitもオープンソースとして公開します。

次に、このWebKitに注目したのが、Googleです。Googleも自社のWebブラウザを開発するに当たって、このWebKitを採用します。こうして、同じレンダリングエンジンを搭載したWebブラウザが誕生しました。

Googleはその後、WebKitに改良を加えて「Blink」と名前を改めて、以後Chromeに搭載します。さらにはこのBlinkを、Microsoftが採用してEdgeを生み出します。

その後、KHTMLやWebKitをベースとしたブラウザは次々に誕生し、現在ではほとんどのWebブラウザがKHTMLを源流としたレンダリングエンジンを採用しています。

現在のブラウザとレンダリングエンジン

Safari	WebKit
Firefox	Gecko
Google Chrome	
Opera	Blink
Microsoft Edge	

こぼれ話 ☕ **昔はパソコンショップに売っていた Web ブラウザ**

- -

　今では、Web ブラウザのないコンピュータなど考えられませんが、筆者がインターネットをやり始めた 1994 年頃は、Web ブラウザを使うためには街のパソコンショップで販売されていた Web ブラウザを購入しなければなりませんでした。高校生だった筆者も、自転車を走らせて購入したのを覚えています。

2・3

HTML、タグ

📖 用語解説

HTMLはWebブラウザに表示するための文書の種類のこと。HTMLを作るために、不等号記号を組み合わせて作る「<h1>」といった記述のことを、HTMLタグ（またはタグ）という。

タグ（Tag）は「札（ふだ）」といった意味で、HTMLファイル内に目印となるタグをつけることで、その箇所が文書の中で何を表しているのかを示すために使われる。

HTMLタグを書こう

前節で作成したファイルを、VSCodeで編集しましょう。内容を次のように書き換えます。

chapter02/index.html

```
<h1>Study note</h1>
```

図2-3-1：入力したところ

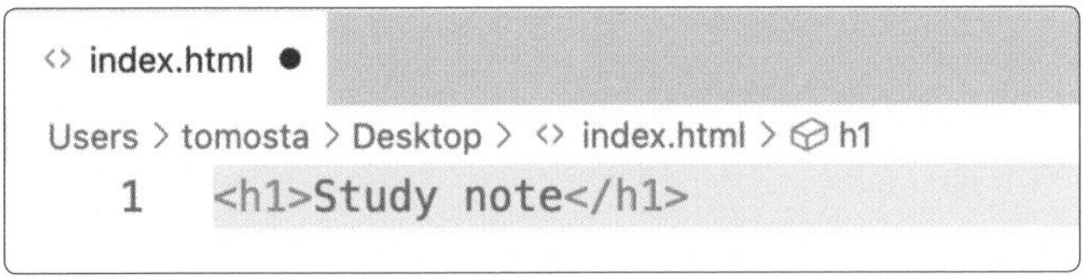

```
<> index.html ●
Users > tomosta > Desktop > <> index.html > 🔗 h1
   1    <h1>Study note</h1>
```

なお、この時<h1>まで入力すると、VSCodeの補完機能によって</h1>が自動的に入力されてしまい、図2-3-2のようになってしまいます。ここでは一度、自動で入力されたものは削除して、改めて最後に入力し直しましょう（このときも、</まで入力すると自動補完で最後まで入力されてしまいます）。

図 2-3-2：**自動補完で入力されてしまったところ**

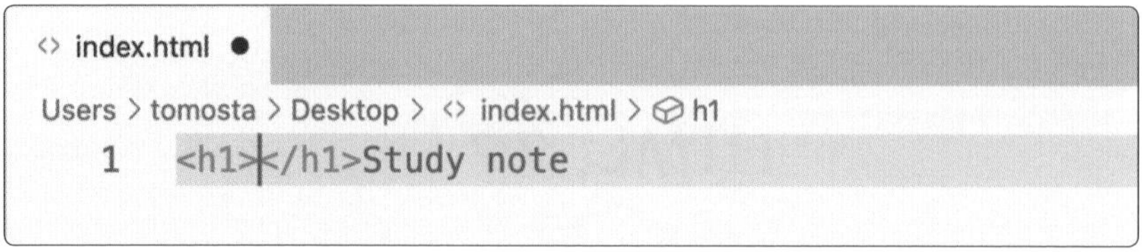

```
<> index.html ●
Users > tomosta > Desktop > <> index.html > ⊘ h1
   1    <h1>|</h1>Study note
```

　これでファイルを保存し直します。「ファイル→保存」メニューをクリックしましょう。そして、このファイルをブラウザで改めて確認しましょう。

　すると、書き加えた**<h1>**や**</h1>**という記号は見えなくなってしまいました。代わりに、先ほどの文章が非常に大きな文字で表示されました。

図 2-3-3：**ブラウザで表示したところ**

Study note

　ここで追加した「**<h1>**」や「**</h1>**」という記号を「HTMLタグ」といいます。「タグ (Tag)」というのは、「目印」といった意味で、ここでは「Study note」という文章に対して、**h1**という目印（タグ）を付け加えたという訳です。

　h1の**h**は「Heading」の略称で「見出し」の意味、1はレベルを表していて数字が小さいほど大きな見出しとなります。つまりここでは「最も大きな見出し」という意味で「大見出し」という意味です。そこでブラウザは、大きくて太い文字でこの文章を表示したという訳です。

　タグは、次のようにペアで使われます。

```
<h1>...</h1>
```

　これによって「ここからここまでが見出し1です」という「範囲」を表すことができます。

　最初のものを「開始タグ」、ペアになる方を「終了タグ」と呼びます。終了タグは、開始タグと同じキーワードと、その直前にスラッシュ記号（/）を入れて作ります（例：**</h1>**）。

こうして、「Study note」が見出し1であることが示せました。なおこの時、HTMLタグで囲った部分のことを「要素」と言います。つまりこれは「見出し1要素」と呼びます。また、「**h1**」などのタグの内容のことを「要素名」と言います（図2-3-4）。

図2-3-4：「要素」の構造

要素

| 「要素」は、英語の「Element」を翻訳したもので、その他には「成分」といった意味もある英単語です。HTMLタグで囲まれた範囲のことで、Webページを作り上げる成分の1つとか「構成要素」の1つといった意味で使われています。

HTMLはマークアップ言語

前節で紹介したとおり、HTMLは「Hyper Text Markup Language」の略称でした。「Language」というのはここではコンピュータ言語のことで、HTMLはこの「HTMLタグ」を利用したコンピュータ言語です。そして、MarkupというのはこのHTMLタグを使って、文章などの前後をはさむことです。

ここで、先ほどのファイルに文章を足してみましょう。

chapter02/index.html

```
<h1>Study note</h1>
<p>This is my notebook</p>
```

今度は、**<p>**というHTMLタグでマークアップしました。これは「段落（Paragraphの頭文字）」という目印になります。これをブラウザに表示すると、図2-3-5のように大見出しの文章と段落の文章の文字の大きさが変わります。

図2-3-5：ブラウザに表示したところ

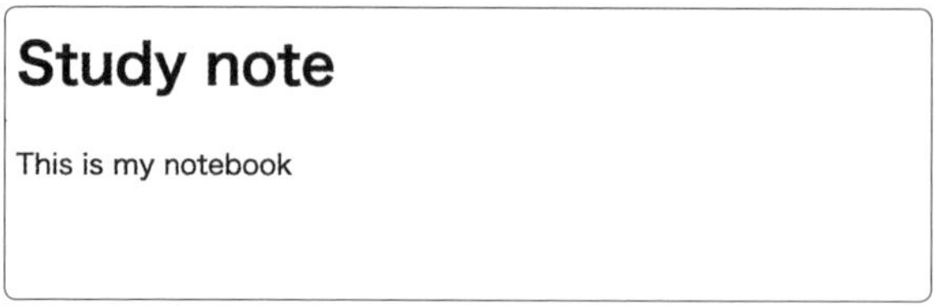
Study note
This is my notebook

HTMLを使って、ファイルの中の各要素（文章）にその意味を付け加えて、ブラウザにどのようにその要素を表示するべきかを指示する「言語」が、HTMLなのです。

表示が変更されなかった場合

もし、ファイルを書き換えて表示しても、表示の内容が変化しなかった場合、Webブラウザの「キャッシュ」という機能が働いてしまっていて、古い情報が表示されてしまっているケースがあります。その場合は、[Shift] キーを押しながらブラウザの再読み込みボタンをクリックしてみましょう。

図2-3-6：[Shift] キーを押しながらブラウザの再読み込みボタンをクリック

index.html
ファイル
/Users/tomosta/D

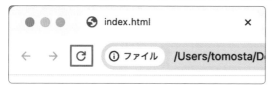

すると、キャッシュを利用せずに再読み込みするため、ページが更新されます。これを「スーパーリロード」などと呼びます。

キャッシュ

表示したWebページの情報を一時的に蓄えておく機能。なお、「キャッシュ」は現金を意味する「Cash」ではなく、「Cache」という英単語で「隠し場所」といった意味があります。

同じWebサイトを見ていると、妙に早く表示されることがあります。これは、Webブラウザの「キャッシュ」という一時的な保存場所に情報が保存されているため。通常は、Webページの更新日時などを元にキャッシュを利用するか、再度読み込むかなどを判断します

が、HTMLを制作している場合などは更新したのにキャッシュの方が優先されてしまうことなどがあります。そのような場合は、［Shift］キーを押しながら更新ボタンをクリックする「スーパーリロード」を使ってキャッシュを意図的に無視する必要があります。

コンピュータ言語

> コンピュータ言語は、コンピュータに指示を出すための独自の言語。実際には、英語が元になることが多いのですが、コンピュータが理解しやすいように記号などを組み合わせたり、独特な書式になることがあります。

　普段、私たちが話している「言語」というのはさまざまな文法の組み合わせがあったり、語順の入れ替えなどをしても人間同士では意味が通じてしまうため、かなり曖昧な書き方ができてしまいます。しかし、それではコンピュータには理解がしにくいため、HTMLが「<」や「>」などの記号を組み合わせて表現するように、文章ではなく記号などの組み合わせて表現することが多いです。

　コンピュータ言語には、「プログラミング言語」とか「問い合わせ言語」など、さまざまな種類があり、HTMLはその中で「マークアップ言語」と呼ばれるコンピュータ言語の一種です。

HTMLの基本タグを書こう

　本書では、説明に必要な最低限のタグだけを紹介しましたが、この書き方はあまり好ましいとはいえません。HTMLには、記述しておきたい基本のタグがいくつかあり、基本的にはHTMLファイルを作成するときに必ずこれらを記述します。

　実は、これまでの例は英語でメッセージを書いていましたが、こうしないと図2-3-7のように文字が読めない状態になってしまったため、英語にしていたのです（これについての詳細は、Chapter2・4で紹介します）。

図2-3-7：**日本語を表示させようとして文字化けしたところ**

基本タグを記述すれば、日本語を記述できるようになるので、次のように日本語に変更してみましょう。

chapter02/index.html

```
<!DOCTYPE html>
<html lang="ja">
<head>
  <meta charset="UTF-8">
  <title>学習ノート</title>
</head>
<body>
  <h1>学習ノート</h1>
  <p>私の学習ノートを紹介します。</p>
</body>
</html>
```

図 2-3-8：**日本語がきちんと表示された**

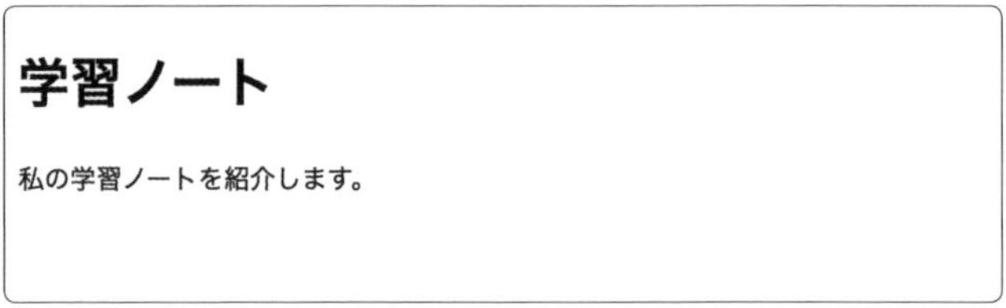

学習ノート

私の学習ノートを紹介します。

「**<html>**」というタグや「**<head>**」「**<body>**」というタグが増えていることが分かります。これらのタグによって「ここからが本文ですよ」とか「この文書はHTML文書ですよ」といった基本的な情報をWebブラウザに伝えています。

空要素

HTMLタグで終了タグのないタグのこと。タグの間に入れる内容がない場合に利用され、この場合は開始タグだけが単独で利用されます。

<meta> タグをよく見ると、終了タグがありません。HTMLタグの中には、このように終了タグがない、開始タグだけで利用されるタグがいくつかあり、このようなタグの種類を「空要素」と呼びます。

主な空要素

空要素	説明
`<hr>`	罫線を引きます
` `	改行を入れます
`<img>`	画像を挿入します
`<input>`	フォームの入力欄を作ります

こぼれ話 ☕ HTMLはプログラミング言語？

- -

「プログラミングを学ぼう」という意欲を持って、HTMLを最初に学びはじめたりするとX（Twitter）などで「HTMLはプログラミング言語ではない」などと突っ込みを受けることがあります。

確かに厳密には、HTMLは「マークアップ言語」であり、「コンピュータ言語」の一種ではありますが、プログラミングとは少し違っています。

とはいえ、プログラムとは元々、「あらかじめ書いたもの」という意味の英単語です（Chapter3・1参照）。

そういう意味では、どんな風に表示されるかを「あらかじめ」考えながらHTMLのタグを「書いていく」のは「プログラミング」という作業をしているとも言えるのではないかと筆者は思います。細かい言葉の定義は気にせず、「なにかを作る」ということを楽しむのが一番かなと思いますね。

こぼれ話 ☕ HTMLのことが学びたくなったら

- -

本書では、HTMLについての詳しいことはご紹介しきれません。HTMLについて興味がでたら、筆者のYouTubeの次の動画などが参考になるでしょう。

■ 理屈っぽい HTML5 入門

https://www.youtube.com/watch?v=cwvoIN8jDdQ

2 • 4

属性、グローバル属性

📖 **用語解説**

HTMLタグに付加することができる追加の情報。HTMLタグによっては属性が必須な物や、どんなタグにも付加できる属性（グローバル属性）などがある。

属性を書いてみよう

前節で書いた **<html>** タグを改めて確認してみましょう。

```
<html lang="ja">
```

このタグには、要素名の後に次のような内容が追加されています。

```
lang="ja"
```

これを「属性」といい、HTMLタグの中に書くことで、そのタグの補足情報や追加情報などを記述できるようになります。次のような書式で記述し、いくつでも続けて書くことができます。

属性の書き方

```
属性名="値" 属性名="値" ...
```

値はダブルクオーテーション（"）で囲みます。例えばここでは、「**lang**」という属性名を指定しました。これは「Language」の略称で、「HTML文書の言語」という意味です。ここに「**ja**」という値を指定しています。これは「日本語（Japanese）」のことで、つまりこ

こでは「この文書は日本語で記述されています」という情報を付加している訳です。

例えばこれを、次のように変更してみましょう。

```
<html lang="en">
```

enは「英語（English）」の意味で、この文書が英語で記述されていることを表します。すると、日本語環境のWebブラウザで表示すると、ブラウザによっては図2-4-1のように翻訳するかどうかの案内が出ることがあります。文書内が実際には日本語で書かれていても、Webブラウザはこの**lang**属性の値をみて、文書の言語を決定しているのです。属性はこのように、Webブラウザなどに情報を伝えるために利用されます。

図2-4-1：**翻訳するかどうかの案内が表示される**（画面は、Google Chrome）

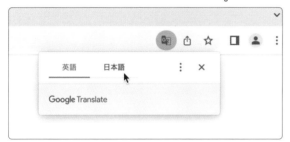

固有属性、グローバル属性

属性のうち、決まったHTMLタグにのみ付加できるものを「**固有属性**」、ほとんどのHTMLタグに付加できるものを「**グローバル属性**」と呼び、属性の種類によって異なります。

属性は、HTMLタグの種類によって指定できるものが異なります。例えば次の記述を見てみましょう。

```
<meta charset="utf-8">
```

これは、**<meta>**というタグの「**charset**」属性を指定しています。これは文書の文字コード（Chapter2・5参照）というものを指定するためのもので、この「**charset**」属性は

`<meta>` タグ以外のタグには書くことができません。

　しかし、先の「lang」という属性は、`<html>` 要素を含めて、ほとんどの要素に付加することができます。これは例えば、文書内に複数の言語が混在している場合などに、その範囲にだけ「lang」属性で言語を指定できるため。

　「lang」属性のような「どんなタグにも指定できる属性」が「グローバル属性」です。

　グローバル属性には表のような種類があります（ただし、今の時点でこれらを覚える必要はありません）。

グローバル属性の一覧

属性	説明
id	その要素の固有のID情報を与えます。CSSやJavaScriptで要素を特定したりリンク先として指定することができます（詳しくは後述）
class	CSS等で利用される「クラス」を付加できます。詳細はChapter2・15で紹介します
hidden	要素を隠すことができます
contenteditable	コンテンツをユーザーが編集可能な状態にします
data-	data-の後ろに任意の言葉を追加して利用します。「カスタムデータ属性」と呼ばれ、JavaScript等で利用されます
draggable	要素をドラッグ可能にするかを指定できます
accesskey	キーボードショートカットを生成しますが、実際には対応しているWebブラウザが少なく、利用される機会はほとんどありません
autocapitalize	ユーザーが入力した文章を大文字にしたり、小文字にすることができます。 off（大文字にしない）/on（文の最初の文字を大文字にする）/words（語の最初の文字を大文字にする）/characters（すべて大文字にする）から指定します
autofocus	ページの読み込み時などに、これが指定されている要素に自動的に「フォーカス」が移動します。例えば検索窓などに指定することで、すぐに検索ができる状態になります。
lang	本文で紹介したとおり、言語を指定します
role	スクリーンリーダーなど向けに、その要素の役割などを指定できます
style	CSSを直接指定することができます
tabindex	タブキーでフォーカスを移動するときの順番を指定できます

属性	説明
title	要素のヒントを指定できます。マウスカーソルを重ねたりすると、表示されることがあります
dir	テキストの方向を指定します。日本語や英語などは左から右に流れる「ltr」ですが、アラビア語などの言語では右から左に流れる「rtl」の場合があり、その場合はこれを指定します。通常は「auto」が指定されていて、Webブラウザが自動的に判断します
enterkeyhint	仮想キーボードが表示される環境で、[Enter] キー部分に表示するラベルを指定できます
inert	「不活性」といった意味の英単語で、その要素のクリックイベント、フォーカスイベントなどを無効化し、利用できなくします
inputmode	仮想キーボードが表示される環境で、どのようなキーボードを表示するかを以下から指定します
none	キーボードなし
text	標準的な入力キーボード
decimal	数字と記号の入力が可能なキーボード
numeric	数字のみが入力可能なキーボード
tel	電話番号を入力するキーボード
search	検索用のキーボード
email	メールアドレス入力用のキーボード
url	URL入力用のキーボード
is	JavaScriptと組み合わせることで、要素を別の要素に振る舞わせることができます
nonce	「暗号化ノンス」というものを指定するもので、セキュリティの設定で使われます
part	CSSで利用できる「パート名」というものを指定します
slot	JavaScriptで利用される「スロット」というものを指定できます
spellcheck	スペルチェックを行うかを指定します
virtualkeyboardpolicy	contenteditable属性を利用している要素で、仮想キーボードの動作を制御できます

論理属性

📖 属性の中で、属性値がない（省略できる）属性のこと。属性名を記述すると有効に、属性名を削除すると無効になるという特殊な属性。

pタグに次のように追加してみましょう。

chapter02/index.html

```
<p hidden>私の学習ノートを紹介します。</p>
```

　これを画面に表示してみましょう。この文章が画面から消えてしまいました。「隠す」という意味を表す「hidden」という属性を指定したためです。

図2-4-2：「hidden」属性を設定した文章が非表示になった

```
学習ノート



```

　ただ、この属性は先の指定の方法とは違って「値」がありません。属性にはこのように値がなく、属性名を指定するだけで有効になるものがあります。これを「論理属性」と言い、属性があれば有効、属性がなければ無効になります。

こぼれ話 ☕ **論理属性に値を指定**

- -

　古いHTML文書等で、次のように論理属性に値が指定されている例を見ることがあります。

chapter02/index.html

```
<p hidden="hidden">私の学習ノートを紹介します。</p>
```

　これは、「XHTML」というHTMLの前身で使われていた属性の書き方で、現在のHTMLでも間違いではありません。とはいえ、特にこのように指定するメリットはないため、これから記述する場合は属性名だけを記述した方が良いでしょう。

なお、ここでは属性の動きが確認できたら、属性は削除しておきましょう。

chapter02/index.html

```
<p>私の学習ノートを紹介します。</p>
```

XHTML (エックスエイチティーエムエル)

　📄 XHTMLは、HTMLと似たマークアップ言語である「XML (エックスエムエル、Chapter3・20参照)」という言語の仕様を踏襲したHTMLで、過去に使われていましたが現在では廃止されています。

　HTMLというマークアップ言語は、記述ルールが非常にあいまいです。例えば、次のHTMLタグを見てみましょう。リストを作成するためのHTMLです。

```
<ul>
  <li>いちご</li>
  <li>りんご</li>
</ul>
```

しかしHTMLでは、`<li>`タグの終了タグが省略できます。

```
<ul>
  <li>いちご
  <li>りんご
</ul>
```

これでも正しいHTMLとされています。しかし、これでは正しく認識できないWebブラウザなどもあるかもしれません。このような曖昧なルールをやめ、厳しいルールを定めたHTMLである「XHTML」という規格が登場しました。次のようにさまざまなルールが課せられています。

- 終了タグは省略しない
- 属性の値は、必ずダブルクォーテーションで囲む
- HTMLタグは必ず小文字で記述する
- 空要素（Chapter2・3参照）には、必ずスラッシュを含める（例：`<br />`）
- 属性の値は省略してはならない。論理属性の場合も値を指定する。

しかし、このXHTMLはHTML5（Chapter2・7参照）が登場したことで利用されなくなり、これらのルールも現在は守る必要がなくなりました。ただ逆に、現在のHTMLでもXHTMLのルールに従っても問題はないため、XHTMLに従った書き方でも特に問題はありません。

現在も残るXHTML時代のルール

現在のHTML（HTML Living Standard）では、XHTMLの時にあったルールはほとんどなくなっています。終了タグの省略や属性の値の省略なども可能です。

しかし、「見やすいHTML、保守しやすいHTMLを作る」という観点から、次の各ルールについては守られるのが慣例となっています。

- 終了タグを省略しない
- 属性の値はダブルクォーテーションで囲む
- HTMLタグを小文字で記述する

つまり、次のようなHTMLは

```
<P CLASS='copy'>正しいHTMLです
```

HTMLとしては正しいのですが、見やすさなどを考慮して次のように書くことが一般的です。

```
<p class="copy">正しいHTMLです</p>
```

こぼれ話 ☕ XHTML時代のエンジニア

XHTMLという規格が最初に登場した2000年頃は、上記のようにHTMLを書くのにものすごく厳格なルールに沿って書かなければなりませんでした。これは、XHTMLが廃止される2009年まで続きます。

この頃に、Web業界で仕事をしていた人達は筆者を含めて、XHTML的なHTMLの書き方で鍛えられすぎてしまっていて、ルールが緩くなった今でも、どうしても厳格さを求めてしまうことがあります。終了タグが省略されていたり、属性がダブルクォーテーション記号で囲まれていなかったりすると、なんとも言えない気持ち悪さを抱えてしまって、つい直してしまったりします。

XHTMLは、非常に面倒な仕様ではありましたが、「ちゃんとしたHTMLを書く」ということを鍛えられたという意味では、良い規格だったのかもしれません。

文字コード、UTF-8

用語解説

文字をデジタルデータにするための数字（コード）に変えたもの。コンピュータは、文字を処理・記録するためにコード化して管理している。

コンピュータが登場した初期は、JISコードやShift JIS、EUCコードなどと規格が乱立していたが、近年では「Unicode（ユニコード）」の、特に「UTF-8（ユーティーエフエイト）」という文字コードに統一され、扱いやすくなっている。

前節で指定した「UTF-8」とはなんでしょう？　これは、「文字コード（charset）」というもので、文字をコード化するための対応表を表したものです。これを理解するには、まずは「デジタルデータ」というものを理解する必要があります。

デジタルデータ

数字（Digital）であらゆる情報を表現したデータのこと。現代のコンピュータは、デジタルデータのみを扱うことができるため、文字や画像、音楽など、すべての情報を「デジタルデータ」に変換して扱ったり、記録したりしています。

文字を文字コードにする方法

「文字を数字で扱う」とは、一体どういうことかというと、実はコンピュータは、文字をそのままでは扱えないため、1文字1文字に「背番号」をつけて管理しています。

例えば、「あ」を1、「い」を2、「う」を3といった具合に順番に番号を割り振って行くとしましょう。こうして、コンピュータ内に保存しておきます。再び画面に表示したいときな

どに、1は「あ」、2は「い」などと同じルールに沿って、文字に戻せば良いことになります。

図2-5-1：文字に対応するコードを割り振る例

　しかしこれは、自分だけで使うならどんな背番号でも問題がないものの、Webページやメールのように「自分で作ったデータを他の人が読む」という場合には大変です。

　「あ」が1というルールは、あくまで勝手に作ったルールなので他の人は「あ」は10、「い」は32などという、全然違うルールを作っていたとしたら文字に戻したときにまったく違う文字に変わってしまいます。

図2-5-2：自分のルールと他の人のルールが同じとは限らない

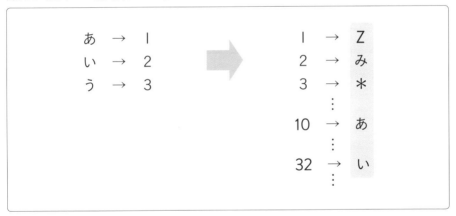

　そこで必要なのが、皆が同じルールに沿って文字をデジタルデータにするための対応表です。これが「文字コード」です。

ASCIIコード

　英数字や記号などを管理するための文字コード。このコード表では、Aが65、Bが66、Cが64といった具合にコードが割り振られています。

ASCIIコードは、0から127までの各数字の文字が割り振られています。ただし、0から64までは「制御文字」というものが割り振られているため、実際の文字が65から割り振られています。表のすべてを見たい場合は、次の場所などで確認できます。

■ ASCII 文字コード表

https://tomosta.jp/library/charcode/

ただ、ASCIIコードは米国で作られたため、アルファベットや記号のコード表しかありません。そのため、日本語などの非英語圏の言語は扱うことができません。それらの国では、コンピュータを利用するにあたって自国の文字コードを制定する必要がありました。

日本語文字コードの混乱

そこで日本では、JIS（ジス）という標準化規格（鉛筆の濃さやB5等の紙の大きさを決めている規格とその組織）によって「JISコード」が定められました。

これによって「あ」は9250、「い」は9251等と日本語のデジタルデータが定まります。また、膨大な数の漢字にも1つ1つコードが割り振られています。

しかしここで日本語については混乱が生まれます。Microsoftがこの JIS コードをそのまま利用せずに、「Shift JIS」という独自の文字コードを生み出してしまいます。さらに、別のところで「EUC-JP」コードというものも登場してしまい、日本語文字コードについてはこの3種類が混在する形になってしまったのです。

図 2-5-3：**文字コードの遍歴**

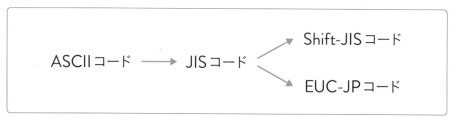

すると、例えばShift JISで作成したデータを、EUC-JP等で読もうとすると、図のように文字が再現されない「文字化け」という現象になってしまいます。

図2-5-4：文字化けしたWebページ

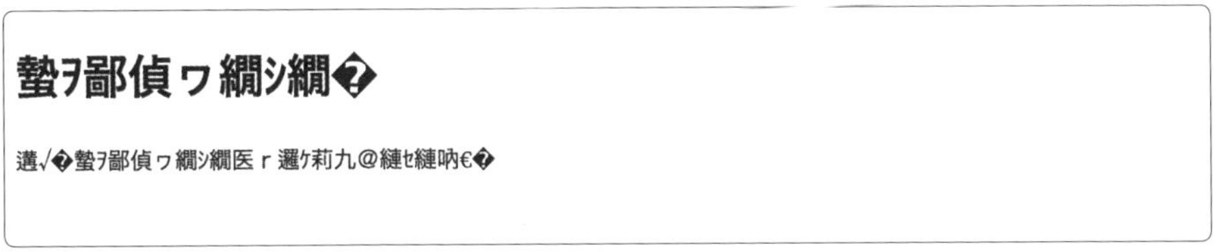

> # 蟄ヲ鄙偵ワ 縺シ綯◆
>
> 遘√◆蟄ヲ鄙偵ワ 縺シ綯医ｒ 邏ｹ莉九＠縺ｾ縺吶€◆

　このような混乱は各言語で起こっていて、ネット時代に世界中のコンピュータで情報を交換し合うのに不便になってしまいました。そこで、世界統一の文字コードを考えようという動きが起こります。

Unicode、UTF-8

> 世界中の文字を統一した文字コードです。Unicodeには1文字ごとのデータ量などで、いくつかのバリエーションがあり、UTF-8やUTF-16、UTF-32などがありますが、ネット上では「UTF-8」という形式がよく使われています（こぼれ話参照）。

　UTF-8はネット上で広く利用されるようになり、現在ではWebサイトはそのほとんどが、また電子メールなどもUTF-8で作られることが多くなっています。これによって文字化けに悩まされることはなくなりました。ただし、昔から運用されているWebサイトなどで一部、Shift JIS等を利用しているケースもあるので気をつけましょう。

Chapter2・3まで日本語が使えなかった理由

　ここまで理解すると、Chapter2・3の最初のHTMLで日本語が使えなかった理由が分かります。HTMLの基本タグが記述されていなかったため、次のタグがありませんでした。

```
<meta charset="utf-8">
```

　つまり、この文書がどの文字コードを使って作られているのかが指定されていなかったため、Webブラウザによっては正しい文字コードを使って画面表示をせず、それによって「文字化け」の現象が発生していたというわけです。

　今作成している文書が、どの文字コードで作成されているかは、VSCodeの場合は右下に表示されています。こちらも確認しておきましょう（標準ではUTF-8が利用されます）。

図2-5-5：VSCodeの右下にある文字コードの表示

行9、列31　スペース：2　UTF-8　L

機種依存文字

　丸囲み数字の「①」やローマ数字の「Ⅰ」といった文字のことで、文字コードが
各環境で統一されていなかったために環境によっては正しく表示されないとされていま
した。

　一昔前は、機種依存文字をWebページで利用するのは良くないこととされていました。
しかしUTF-8ではこのような機種依存文字は少なくなってきているため（絵文字などで一部
存在しています）、基本的には利用しても問題ありませんが、筆者のような古い人間は、使う
ときに若干ドキドキします。なお、ファイル名などにはやはりこれらの文字は利用しない方が
良いでしょう。正しく利用できなくなることがあります。

こぼれ話　UTF-8が使われた理由

　Unicodeには、UTF-8以外にも「UTF-7」や「UTF-16」「UTF-32」など、い
くつかの種類（エンコーディングといいます）があります。しかし、現状ネット上では
UTF-8以外は使われていないため、「Unicode = UTF-8」と認識していることも少な
くありません。これはなぜなのでしょう？

　それは、本文にでてきた「ASCIIコード」という、コンピュータが生まれたときから
使われている文字コードと「互換性があるため」です。ASCIIコードで書かれた文書
をUTF-8で読んでも、そのまま読むことができるため、この互換性が便利で使われて
います。

　互換性を考えなければ、UTF-16やUTF-32の方がデータの効率などの面では優
れていて、実際Windowsなどの基本ソフトでは内部でUTF-16が使われていたりしま
す。ただし、ASCIIコードとの互換性がないため、ネット上ではやはりUTF-8が利用
されているという訳です。

こぼれ話 ☕ BOM付きUTF-8

- -

Unicodeの文字コードには、もう1つ「BOM付き」というタイプがあります。VSCodeでも、右下の文字コード名が書かれている箇所をクリックして「エンコード付きで保存」メニューをクリックすると、「UTF-8 with BOM」という選択肢があります。

このBOMとは「Byte Order Mark」の頭文字で、文字コードを判別するための特別なコードです。Windows等の一部の環境では、文字コードの判別などにこのコードが使われていますが、Webサイトを制作する場合は不要なので、BOM付きを選ぶ必要はありません。

こぼれ話 ☕ デジタルとアナログ

- -

デジタルの反対の言葉に「アナログ」という言葉があります。Analogは「類似物」とか「連続的に変化する値」といった意味の英語で、よく図のような「波」で表されます。

図2-5-6：**アナログを表現する波**

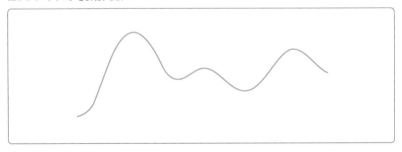

そして、「デジタル」というと図のような0と1の数字が並んだようなものを想像するのではないでしょうか。本文では「デジタルは数字」と紹介しましたが、実はコンピュータが扱っている数字は「0と1」の2種類の数字だけ。これを「2進数」（Chapter2・21参照）といいますが、そのため0と1が並んだようなイメージが使われます。

図2-5-7：0と1で表現したデジタル

```
010100110101001101010011010100110101001101010011010
100110101001101010011010100110101001101010011010100
110101001101010011010100110101001101010011010100110
101001101010011010100110101001101010011010100110101
001101010011010100110101001101010011010100110101001
101010011010100110101001101010011010100110101001101
010011010100110101001101010011010100110101001101010
011110101001101010011010100110101001101010011010100
111101010011010100110101001101010011010001001100011
```

図2-5-8：デジタルを波で表現した場合

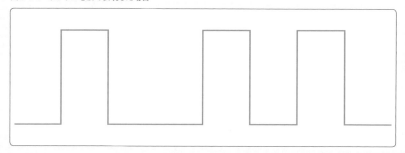

　スイッチでいえば「ONかOFF」、質問の答えでいえば「YESかNO」しか存在せず、非常にはっきりとした状態です。アナログは逆に「40%はYESだけど、60%はNO」といったあいまいな状態を表せます。

　このような性格から、はっきりと物事を決める人のことを「デジタル人間」、あいまいな判断をする人を「アナログ人間」などといって、分類することもあります。一見するとデジタル人間の方が良さそうですが、アナログ人間の方が人間味があって、コミュニケーション能力に優れているといった意見もあり、一概にどちらが良いとは言えません。あなたは、デジタルとアナログ、どちらが好きですか？

Visual Studio Code の検索機能と正規表現

　大規模なWebサイトを制作していたりすると、変更したい記述をファイル内のどこに書いたかとか、そもそもどのファイルに書いたかなどが把握できなくなってしまうことがあります。

　そんな時は、エディタ機能の「検索・置き換え機能」を利用すると便利です。VSCodeには、強力な検索機能が搭載されています。

ファイル内検索

　ファイルを編集しているときは、「編集→検索」メニューをクリックしましょう。右上に図のようなウィンドウが表示されて、検索ができるようになります。

図2-5-9：**検索ウィンドウ**

　ここに、探したい文字列を入力すると、リアルタイムにファイル内を検索して、ヒットした場合は結果が表示されます。また、ファイル内では文字列が反転して表示されます。

図2-5-10：**検索したところ**

```
                    > class01          Aa  ab  .*  1/1件        ↑  ↓  ≡  ×
   1   <!DOCTYPE html>
   2   <html lang="ja">
   3
   4   <head>
   5       <meta charset="UTF-8">
   6       <meta name="viewport" content="width=device-width, ini
   7       <title>検索・置き換え</title>
   8   </head>
   9
  10   <body>
  11       <p class="class01">ファイル内を探すには検索機能が便利</p>
  12   </body>
  13
```

Chapter 2

フロントエンドエンジニア初級編

また、左側の「>」をクリックするか、または「編集→置換」メニューをクリックすると、置き換え後文字列の入力欄が表示されて、一括で置き換えることができるようになります。

図 2-5-11：**置換もできる**

さまざまな検索オプション

検索の際は、図のアイコン群でさまざまな検索のオプションを指定できます。それぞれ紹介しましょう。

図 2-5-12：**検索のオプション**

❶大文字と小文字を区別する

標準では、英文字を入力したときに大文字と小文字を区別せずに検索します。もし厳密に検索をしたい場合は、アイコンをクリックすると大文字・小文字を区別するようになります。

❷単語単位で検索する

前後に記号や空白があるもののみを対象とします。例えば、「p」というキーワードで検索をしたとき、通常では「paragraph」とか「option」など、文の中に「p」という文字が入っているものも対象になりますが、単語単位にした場合は「p」や「<p>」など前後に文字が入っていない（＝単語と見なされる）場合のみ、対象となります。

❸正規表現を使用する

「正規表現」という検索パターンを利用します。これについては後述します。

また、ウィンドウ右端から2つ目の（ ≡ ）をクリックすると、ファイル内の選択した範囲でのみ検索ができます。

ファイル横断検索

VSCodeでフォルダを開いている場合、ファイルを横断して検索をすることもできます。今度は「表示→検索」メニューをクリックしましょう。または左端のバーの図のアイコンをクリックしても開くことができます。

図2-5-13：**左側の検索アイコンをクリック**

すると、左隅に検索パネルが表示されます。機能としては先と同様ですが、キーワードを入力するとフォルダ内のすべてのファイルの中から、キーワードで検索して結果を表示します。

図2-5-14：**検索結果が表示される**

クリックすると、エディタでそのファイルを開いて、ヒットした箇所を確認することができます。こうして、多くのファイルの中から探したい部分を検索することができます。

正規表現とは

「正規表現」というのは、検索などで利用される特殊なパターン文字列で、VSCodeに限らず多くの開発者向けエディタに搭載されていたり、プログラミング言語などで利用されています。

例えば、次のようなHTML文書を見てみましょう。

```
<h1>見出しです</h1>
<p>段落です</p>
```

このHTMLを検索してみましょう。「編集→検索」メニューをクリックして、表示される検索ウィンドウで「正規表現」アイコンをクリックします。そしたら、検索文字列に次のように入力しましょう。

図 2-5-15：

```
</p>
```

これは、当然ながら終了タグの「</p>」がヒットします。

図 2-5-16：

082

では、次のように変更してみましょう。

```
</?p>
```

すると、開始タグもヒットするようになりました。ここで追加した「**?**」という記号が正規表現の「パターン文字列」です。「**?**」には「0文字または1文字」という意味で、その直前の文字列が0回または1回登場するもの両方にヒットします。

図2-5-17：

そのため、ここでは開始タグにも終了タグにもヒットするようになりました。さらに次のように変更してみましょう。

```
</?(p|h1)>
```

今度は、**<p>**タグに加えて**<h1>**タグの開始タグと終了タグにもヒットするようになりました。

図2-5-18：

次の記述を見てみましょう。

```
(p|h1)
```

この、「 **|** 」という記号は「または」という意味で、前後の文字列のどちらかがあれば良いことになります。そしてこれを、カッコで囲んでグループにしました。
さて、こうして作られた正規表現パターンは次のような意味になります。

> 最初の記号が「<」
> 最初の文字が「/」が0回または1回出現する
> その次に、「p」または「h1」が登場する
> 最後の記号が「>」

という検索条件を、記号の組み合わせで表現できたというわけです。

　正規表現を利用すれば、このように複雑な検索条件をパターンの組み合わせで作り出すことができます。慣れてくると、ファイルの中やフォルダの中に検索したものが複数あるときなどに、何度も検索するのではなく、正規表現で一度にすべて検索をしたり、そこから置き換えをすることなどもできます。

正規表現のパターン文字列

　正規表現には、数多くの「パターン文字列」があります。これを、覚えながらさまざまな検索条件を作成していきます。ここでは、代表的なものを紹介しましょう。

文字	意味
.	任意の1文字
*	0回または1回以上の繰り返し
+	1回以上の繰り返し
?	0回または1回
|	または
^	行頭
$	行末

　この他にもたくさんの種類があります。

　正規表現を学ぶには、それだけで書籍が一冊できるほどの知識が必要になります。興味があったらぜひ学習してみると良いでしょう。

2・6

World Wide Web、WWW

用語解説

インターネット回線を通じて、HTMLなどの文書を送受信するためのしくみ。世界中のHTML文書同士がクモの巣 (Web) のようにつながりあうことから、この名前がつけられた。

WWW（ダブルスリー、ダブルダブルダブル）などと略されることもあったが、現在では最後の「Web」だけが言葉として残っていて「Webサイト」「Webブラウザ」などという言葉として利用されている。

　ここまでご紹介したHTMLですが、これは誰が作ったのでしょう？　答えは、欧州原子核研究機構 (CERN) に所属していた、ティム・バーナーズ＝リー氏やロバート・カイリュー氏といった科学者達の手によるものでした。

　1980年代に、CERNでは数千人の研究者らに効率良く情報を送信するためのしくみが必要になり、現在のWorld Wide Web (WWW) のしくみの原型となった「ENQUIRE」というしくみを、そしてその後、WWWを開発していきます。

　WWWでは、「ハイパーリンク（Chapter2・8参照）」というしくみを使って、世界中の文書（Webページ）同士がつながり合うためのしくみを構築しました。

　これにより、世界中のどこからでも自分が必要な情報に素早くたどり着くことができるようになるという画期的なしくみができあがり、これがその後、文字通り世界を変えていくことになります。

図 2-6-1：ハイパーリンクで世界中の文書同士がつながっている

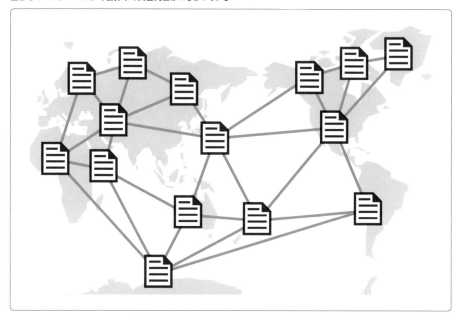

こぼれ話 ☕ **World Wide Web と WorldWideWeb**

- -

　本文で紹介した「World Wide Web」はサービスの名前ですが、半角空白で区切らない「WorldWideWeb」という言葉もあります。

　これは、世界初の Web ブラウザソフトの名前でティム・バーナーズ＝リー氏が開発しました。その後、名前がややこしいという理由で「Nexus」という名前に改められています。

こぼれ話 ☕ **Web、web、ウェブ**

- -

　本書では「Web」という表記で統一していますが、この表記の方法はネット上では「ウェブ」とカタカナで表記をしたり「web」と小文字で表記をしたりなど、表記方法がまちまちです。これには「Web」の「一般名称化」の流れが関係しています。

　前述の通り、もともと「World Wide Web」というのはサービスの名前であり「固有名詞」でした。そのため、この通りに表記するのが正確です。その後、徐々に

「World Wide」は省略されるようになり、「Web」という言葉だけが残りました。ただし、この時点でも先頭は大文字で表記されるのが一般的でした。

　その後、時がたつにつれて「Web」という言葉は余りにも一般的になり、もはや固有名詞とは言えなくなってきました。英語では、先頭を大文字にするのは人名や固有名詞だけで、一般的な単語は文中ではすべて小文字で表記するのが一般的です。

　そこで徐々に、小文字の表記が増えるようになってきました。例えば、

```
This is a Web
```

としていたものを、

```
This is a web
```

と小文字で表記するようになったのです。これが、「Web」の一般名称化です。

　そして、これが日本語にも取り入れられるようになってきました。日本語でも英語に習って、文中では「web」とすべて小文字で表記するという表記法（例：Webは、webの〜）や、それが飛躍して文頭も含めて常に小文字で表記する（例：webは、webの〜）という方法なども現れてきました。

　ただ、日本語の場合は一般名称は通常カタカナで表記するのが一般的です。そこで、「Web」をカタカナにした「ウェブ」という表記も使われるようになりました。こうして、「Web」と「web」と「ウェブ」という表記法が混在して使われるようになったという訳です。

　筆者の場合、一時期カタカナの「ウェブ」にしていたのですが、「ウェブデザイン」よりも「Webデザイン」の方が見栄えが良いなと個人的に感じ、現在では「Web」と先頭大文字に統一した表記に戻っています。

2 • 7

HTML Living Standard (HTML5)

用語解説

HTMLの最新バージョン。HTMLはそれまで、HTML3.1や HTML4.01などバージョン番号が付加され管理されていたが、HTML5でバージョンでの管理をやめ、番号が更新されることはなくなった。現在は、HTML5という名称もなくなり「HTML Living Standard」と呼ばれている（ただし便宜上HTML5と呼ばれることもある）。

HTMLで、どんなタグが使えてどんな属性があるのかといったことは、誰が決めているのでしょう？　少し前までは、この役割をWorld Wide Web Consortium（W3C）という標準化団体が担っていました。

W3C (World Wide Web Consortium)

ティム・バーナーズ＝リー氏らによって設立された団体で、インターネットや WWWで利用される各技術の規格を策定する役割を担っています。

W3Cでは、新しいHTMLタグを作ったり、使われていないタグ・混乱しやすいタグを廃止したり等、HTMLの仕様を決めて定期的に発表していました。これを「勧告」と言います。

各Webブラウザの開発者や開発会社（ブラウザベンダーなどと呼ばれます）は、この勧告に従ってWebブラウザでHTMLを正しく解析・表示できるように開発することで、どんなベンダーが開発したWebブラウザでも、Webサイトを閲覧できるというわけです。

そして、HTMLには勧告順に従ってバージョン番号が付加されていました。HTML1、HTML2やHTML3.2とか4.01等、勧告内容によって細かくバージョン番号が割り振られ

ていたこともあります。

　しかし、W3CのHTMLの策定作業（仕様を決める作業）には非常に時間がかかり、徐々にWeb技術の進化に追いつけなくなっていきます。そこで現れたのがWHATWG（ワットダブルジー）です。

WHATWG (Web Hypertext Application Technology Working Group)

> 📝 WHATWGは、AppleやMozilla（Firefoxの開発チーム）、Operaなどのブラウザベンダーらによって創設され、その後GoogleやMicrosoftなども参加した「ワーキンググループ」と呼ばれる団体で、HTMLやWebの未来について、研究や検討を重ねていました。

　WHATWGではWebブラウザを単なる「文書の閲覧ツール」だけでなく、Webブラウザ上でさまざまな作業が行える「アプリケーションを動作させるためのツール」として利用するための、さまざまな技術研究がされ、新しいHTMLのタグや使い方をWeb Applicationsという名前の仕様で公開していました。

　しかしそれでは、W3CのHTMLと、WHATWGのWeb Applicationsという2つの仕様が混在する形になってしまって混乱の元になってしまうため、W3CとWHATWGは共同でHTMLを策定することにし、Web Applicationsの内容を盛り込んだ形で「HTML5」というバージョンを発表します。

　しかし、その後共同作業はうまく行かなくなってしまい（こぼれ話参照）、W3CはHTMLの策定作業を停止して、WHATWGのHTMLを「HTML Living Standard（HTML標準)」として、公認する形となりました。

　これにより、HTMLからはバージョン番号が存在しなくなり、現在では「HTML」とだけ呼べば良いことになりました（または、HTML Standardなどと呼んだり、HTML5と呼んだりします）。

こぼれ話 ☕ **まぼろしの HTML5.x**

- - - - - - - - - - - - - - - - - - -

W3C と WHATWG という 2 つの団体が HTML をそれぞれ決めてしまっていた状態だったものを、HTML5 という仕様で、共同作業で仕様を決めていくとなったはずだったのですが、実際にはうまくいかなかったようです。

■**参考：HTML Living Standard と HTML の歴史**（とほほの WWW 入門）
https://www.tohoho-web.com/html/memo/htmlls.htm

2012 年頃に共同作業は中止され、W3C は独自に HTML5.1、HTML5.2 と仕様を勧告し続けていました。WHATWG 側も、名前を「Web Applications 1.0」としたり、「HTML Living Standard」として発表するなど、両者で迷走が続きます。

また、各ブラウザベンダーはすでに、WHATWG の策定する HTML Living Standard の方を重視してしまっており、勧告された HTML5.1 などは Microsoft の旧 Edge というブラウザが採用する程度に留まっていました。

そんな状態が続き、2017 年に HTML5.2 が勧告されたのを最後に、2019 年に「HTML Living Standard を唯一の標準とする」という合意がされ、ようやくここで HTML が 1 つの仕様になりました。

HTML は、XHTML になったり HTML5 になったりなど、なかなか紆余曲折の激しい仕様だったのです。本書執筆後も、安定の時代が続くのか注目です。

2・8

ハイパーリンク

用語解説

ページ内のどこからでも他のWebサイト・Webページにジャンプできるしくみ。従来の紙の本などのように、「1ページ目」「2ページ目」といった概念がなく、必要なときにどこにでも移動して参照することで、Webを便利に活用することができる。

Webという技術が誕生したときに画期的だったのは、それまでの紙の書籍や文書には「ページ番号」という概念があったのが、Webページには「このページの次のページはこれである」といった概念がなく、必要なときに必要なページに自由に移動できることでした。

これを実現しているのが「ハイパーリンク」と呼ばれる概念です。文書内の好きな場所から、他のWebサイトやWebページ、または同ページ内の好きな場所に移動することができます。このような文書を「ハイパーテキスト」と言います。

アンカーリンク・アンカーポイント

アンカー（Anchor）は碇（いかり）という意味で、アンカーリンクを使って別のWebページや他のWebサイトに移動することができる。
また、Webページ内の特定の場所に移動することもでき、この時移動できる場所のことを「アンカーポイント」という。

ハイパーリンクを使ってみよう

それでは実際に、ハイパーリンク（以下、リンク）を作ってみましょう。リンクのことはよく「リンクを張る」といった言い方をします。

まずは、次のようなHTMLを準備しましょう。Chapter2・2で作成したファイルの

<body> の終了タグの手前に以下を追加します。

chapter02/index.html

```
...
<h2>目次</h2>
<ul>
  <li>HTMLとは</li>
</ul>
</body>
```

ここでは、図2-8-1のような目次を作成しました。**<ul>**、**<li>** タグはリストを作るための HTMLタグです。ここに、リンクを張ってみましょう。

図2-8-1：ブラウザで表示したところ

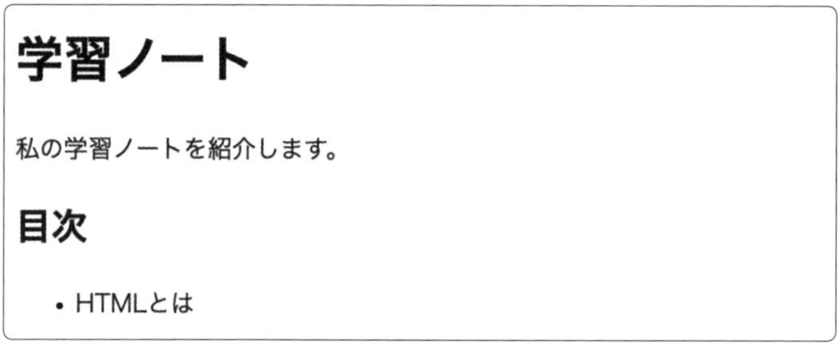

学習ノート

私の学習ノートを紹介します。

目次

- HTMLとは

まずは、リンク先のHTMLを準備します。今作成したファイルと同じ場所に、次のようなファイルを新しく準備します。

chapter02/about-html.html

```
<!DOCTYPE html>
<html lang="ja">
<head>
  <meta charset="UTF-8">
  <title>HTMLとは</title>
</head>
<body>
  <h1>HTMLとは</h1>
</body>
</html>
```

では、このページが表示できるように、先ほどの HTML を次のように変更しましょう。

chapter02/index.html

```
...
<li><a href="about-html.html">HTMLとは</a></li>
...
```

このファイルを Web ブラウザに表示すると、図 2-8-2 のように文字の色が変わりました。そして、マウスカーソルを近付けると、図 2-8-3 のようなカーソルになります。クリックすると、ページが切り替わるようになりました。

図 2-8-2：ブラウザで表示すると文字の色が変わっている

図 2-8-3：リンクにマウスカーソルを近づけると形が変わる

元のページに戻る場合は、Web ブラウザの「戻る」ボタンをクリックします。

図2-8-4：Webブラウザの「戻る」ボタンをクリック

HTMLとは

ここで利用した「**a**」というタグが、リンクを張るためのHTMLタグです（aはAnchorの略）。リンクをしたときに留まる場所といった意味で利用されていて、Webの独特な用語です。

aタグには「**href**」という属性（Chapter2・4参照）が必要です。ここに、リンク先を「パス」という形式で指定します。詳しくは後述しますが、ここではファイル名をそのまま記述すれば良いでしょう。これで、リンクを張ることができます。

こぼれ話 ☕ **hrefの正式名称**

この「**href**」という属性は、なんの略なのかもどのように読むのかも、いまいち謎な属性です。「**ref**」は「Reference」の略で「参照」といった意味だと思われますが、最初の「**h**」については何の頭文字なのかは調べても分かりませんでした（Hypertext？）。

また、読み方についても筆者は「エイチレフ」と読んでいますが、これが正しいのかは分かりません。なかなか謎の多い属性名です。

外部リンク・内部リンク

📑 ハイパーリンクのうち、同じWebサイト内にリンクを張ることを「内部リンク」、別のWebサイトにリンクを張ることを「外部リンク」といいます。

外部リンクを張ろう

次のようなHTMLを追加してみましょう。

chapter02/index.html

```
<li><a href="about-html.html">HTMLとは</a></li>
<p>参照：<a href="https://developer.mozilla.org/ja/">MDN Web ➡
Docs</a></p>
```

これを表示してクリックすると、MDNというWebサイトが表示されました。外部の
Webサイトにアクセスする場合は、アドレスを「**https**」からすべて指定します。Webブ
ラウザのアドレス欄からコピーして利用するのが簡単でしょう。

図2-8-5：**MDNのサイトが表示されたところ**

別タブ・別ウィンドウリンク

ハイパーリンクの張り方として、Webブラウザが新しいタブやウィンドウを開いて
リンク先を表示する方法。元のWebサイトを残すことができるため、迷子になりにく
いとされています。

外部のWebサイトに移動してしまうと、迷子になって元のWebサイトに戻れなくなって
しまう恐れがあります。そこで、Webブラウザには「別タブ（別ウィンドウ）で開く」という
機能があります。

先ほどのリンクを右クリックしてみましょう。図2-8-6のように「新しいタブで開く」「新
しいウィンドウで開く」というメニューがあり、これをクリックすると元のWebサイトを残し
たまま、別のタブやウィンドウで開くことができます。

図2-8-6：「新しいタブで開く」メニュー

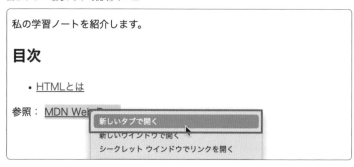

これを、Webブラウザの機能ではなく、HTML側で制御することもできます。先ほどの
HTMLに次のように追加しましょう。

chapter02/index.html

```
<p>参照: <a href="https://developer.mozilla.org/ja/" ➡
target="_blank">MDN Web Docs</a></p>
```

aタグに「**target**」という属性を追加し、「**_blank**」という値を指定しました。先頭
にアンダースコア（_）があるので気をつけましょう。これをブラウザで表示してクリックする
と、自動的に新しいタブが開いて表示されるようになります。

図2-8-7：新しいタブで開いたところ

ただしこのtarget属性で別タブに表示させるという挙動は、特にスマホの場合はタブが
開いたことが分かりにくいこともあり、ユーザーが気がつかずに「戻るボタンで戻れなくなっ
てしまった」と思われてしまうことなどもあるため、使い方には注意が必要です。

こぼれ話 ☕ アンダーバーとアンダースコア

「＿」という記号を「アンダーバー」と呼ぶことがありますが、実際にはこの記号は「アンダースコア」という記号です。アンダーバーとは本来、図のように文字の下に引かれる下線のことを指します。

図2-8-8：アンダーバー

ABC

> コラム

target属性のその他の値

target属性には、「_blank」の他にも次のような値があります。

値	説明
_self	現在のタブ・ウィンドウでリンクを開きます。target属性を省略した場合の標準の値です
_blank	リンク先を新しいタブで開きます
_parent	リンク先を「親フレーム」で開きます
_top	リンク先を「フレーム」から外して開きます

フレームについては次節で紹介します。

ページ内リンク

🔲 同じページ内の特定の場所に移動するためのリンク。ページ内の目次や、ページの先頭まで戻るためのリンクなどで利用される。

リンクは、同じページ内の特定の場所に張ることもできます。例えば、先に追加した「about-html.html」ファイルに、図2-8-9のような長い文章を追加したとしましょう。実際に試したい場合は、サンプルファイルからコピーをするか、他の適当な文章などをコピーペーストするなどして、縦に長いWebページを制作してみてください。

図2-8-9：縦に長いWebページ

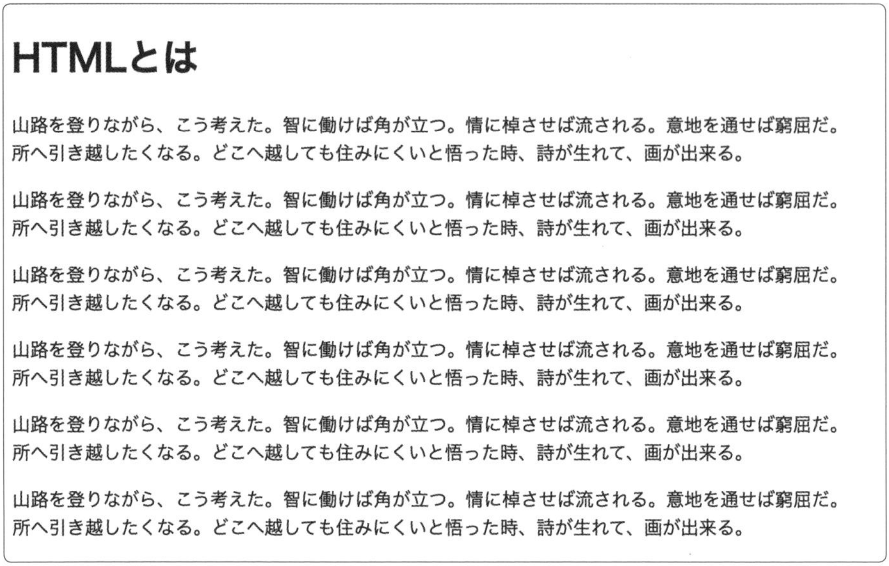

HTMLとは

山路を登りながら、こう考えた。智に働けば角が立つ。情に棹させば流される。意地を通せば窮屈だ。所へ引き越したくなる。どこへ越しても住みにくいと悟った時、詩が生れて、画が出来る。

山路を登りながら、こう考えた。智に働けば角が立つ。情に棹させば流される。意地を通せば窮屈だ。所へ引き越したくなる。どこへ越しても住みにくいと悟った時、詩が生れて、画が出来る。

山路を登りながら、こう考えた。智に働けば角が立つ。情に棹させば流される。意地を通せば窮屈だ。所へ引き越したくなる。どこへ越しても住みにくいと悟った時、詩が生れて、画が出来る。

山路を登りながら、こう考えた。智に働けば角が立つ。情に棹させば流される。意地を通せば窮屈だ。所へ引き越したくなる。どこへ越しても住みにくいと悟った時、詩が生れて、画が出来る。

山路を登りながら、こう考えた。智に働けば角が立つ。情に棹させば流される。意地を通せば窮屈だ。所へ引き越したくなる。どこへ越しても住みにくいと悟った時、詩が生れて、画が出来る。

山路を登りながら、こう考えた。智に働けば角が立つ。情に棹させば流される。意地を通せば窮屈だ。所へ引き越したくなる。どこへ越しても住みにくいと悟った時、詩が生れて、画が出来る。

このような長い文章のページを読み終わると、そのページの先頭に戻るときに、スクロールバーを操作しなければなりません。そこで、ページの一番下に「ページトップに戻る」といったページ内リンクを設置するのが一般的です。ここでは、次のようにリンクを作成しましょう。

chapter02/about-html.html

```
<p>ページトップへ戻る</p>
```

ではここに、リンクを設置します。ただしページ内リンクの場合は、先にリンク先となる場所に「id」というグローバル属性を割り振る必要があります。ここでは、ページの先頭にある<h1>タグに、次のようにid属性を追加しましょう。

chapter02/about-html.html

```
<h1 id="top">HTMLとは</h1>
```

これでリンクを設置できるようになりました。次のようにaタグを追加しましょう。

```
<p><a href="#top">ページトップへ戻る</a></p>
```

　href属性の値に「#」記号に続けて、先ほど指定したid属性の値を指定します。これで、リンク先として指定できます。Webページを表示してリンクをクリックすると、先頭に戻りました（動かない場合は、Webブラウザのウィンドウの縦幅を縮めて確認してみましょう）。アドレス欄をみると、図2-8-10のようにアドレスの最後に「#top」と追加されていることが分かります。Webブラウザには、アドレスの最後に「#」に続けてid属性を指定すると、その場所までスクロールするという機能が搭載されており、この機能を利用してリンクしています。そのため、「href」属性の先頭にも「#」がついているという訳です。

図2-8-10：**アドレスの最後に「#top」と追加されている**

　もし、他のページや他のWebサイトの、特定の場所に移動したい場合は、次のようにファイル名やアドレスに続けて指定することもできます。

```
<p><a href="about-html.html#top">...
```

使われなくなったname属性

　ページ内リンクの移動先には、本文で紹介したid属性の他に、a要素の「name」属性を利用して作成する方法もあります。

```
<a name="top"><h1>HTMLとは</h1></a>
```

とはいえこの方法は、旧来の方法の名残で、現在はid属性を利用するのが一般的です。

Chapter 2　フロントエンドエンジニア初級編

> コラム

ページ内リンクの利用には注意が必要

　ページ内リンクは直接移動できて便利な反面、利用者はどこに移動させられたのか が分かりにくく、元の場所に戻りにくいというデメリットがあります。そのため、あまりあ ちこちに移動するのは避け、本文で紹介したページの先頭に移動したり、目次から見 出しへの移動など、用途が分かりやすい部分の利用にとどめるのが良いでしょう。

2・9

フレーム、インラインフレーム

📖 用語解説

　Webブラウザのウィンドウを分割して、複数のWebページを
一度に表示できる機能。Webブラウザ自体を分割する「フレー
ム」と、Webページ内に別のWebページを埋め込める「インラ
インフレーム」がある。
　フレームは、近年では使われることはほとんどないが、インライ
ンフレームはYouTubeの動画やX（Twitter）のタイムラインを
Webページ内に埋め込むなど、他サイトのコンテンツを利用する
ときなどに利用される。

YouTube動画を埋め込んでみよう

　Webページでは、前節のような「ハイパーリンク」のしくみを使って、他のWebページ
に移動することができますが、例えばYouTubeの動画を見る時などは、ページの中で直接
再生ができた方が便利でしょう。
　ここでは、次の動画をWebページ内に埋め込んでみましょう。

■ いまどきのHTML/CSS入門 - CSS Grid/Flexbox/Sass
https://www.youtube.com/watch?v=IEBkoVXFD34

　「共有」ボタンをクリック（図2-9-1）して「埋め込む」（図2-9-2）をクリックしましょう。
図2-9-3のような画面が表示され、`<iframe>`というHTMLタグが表示されます。

図 2-9-1：「共有」をクリック

図 2-9-2：「埋め込む」をクリック

図 2-9-3：HTMLをコピーする

これを全文コピーして、作っているHTMLファイル内に貼り付けましょう。

chapter02/iframe.html

```
<!DOCTYPE html>
<html lang="ja">

<head>
    <meta charset="UTF-8">
    <meta name="viewport" content="width=device-width, ➡
initial-scale=1.0">
    <title>インラインフレーム</title>
</head>


<body>
```

```
        <iframe width="560" height="315" src="https://www.youtube. ➡
com/embed/IEBkoVXFD34?si=9Z8vOluHTQdZNScy"
        title="YouTube video player" frameborder="0"
        allow="accelerometer; autoplay; clipboard-write; ➡
encrypted-media; gyroscope; picture-in-picture; web-share"
        allowfullscreen></iframe>
</body>

</html>
```

　この状態で、Webブラウザで表示をすると、YouTubeの動画をその場で再生できるようになります（図2-9-4）。この時、Webページ内にYouTubeのWebサイトの一部が、埋め込まれて表示されることになります。これが「インラインフレーム」というしくみです。

図2-9-4：埋め込んだ動画が再生できる

　インラインフレームは、次のようなHTMLを記述して利用します。

```
<iframe src="埋め込むWebページのアドレス"></iframe>
```

　基本的には、どんなWebページでも埋め込むことができます（一部、埋め込みを許可していないWebサイトもあります）。ただし、権利問題などが発生するため、他人のWebページを埋め込む場合には、許可されたものだけを利用するようにしましょう。

コラム

使われなくなったフレーム

　フレームには、インラインフレームの他にウィンドウ自体を分割できる「フレーム」があります。<body> 要素の代わりに <frameset> という要素を使って複数の HTML ファイルを1つの画面の中に表示します。

```
例)
<html>
...
</head>
<frameset>
  <frame src="menu.html">
  <frame src="content.html">
</frameset>
</html>
```

　以前は、このフレームを使ってメニューなどを画面上に固定するというしくみがよく使われていました。しかし、フレームは扱いがかなり面倒で、またタブレットやスマートフォンなどとの相性が非常に悪いのが特徴です。

　その後メニューの固定などには、CSS（Chapter2・12参照）が使われるようになったため、現在の HTML Living Standard ではフレームは廃止されています。

コラム

インラインフレームとスマートフォンのスクロール問題

　インラインフレームであっても、スマートフォンなどとの相性はあまり良くありません。

　スマートフォンは、指を使ってスクロール操作を行うため、フレーム内をスクロールしたいのか、それとも外側をスクロールしたいのかの区別がつきにくいです。

　そのため、外側をスクロールしたいのにフレーム内だけがスクロールされてしまうといった感じで、スクロールが乗っ取られてしまったりします。

　YouTube や Google マップなどの外部のコンテンツを埋め込む場合を除き、自身のコンテンツを埋め込みたい場合は、インラインフレーム以外の方法で実現ができないかを検討してみると良いでしょう。

2 ・ 10

パス、相対パス、絶対パス

用語解説

「道」といった意味の英単語「Path」から、ファイルなどにたどり着くために指定する記述のこと。自身の場所から相対的な場所を示す「相対パス」や、絶対的な場所を示す「絶対パス」など指定の方法があり、用途に合わせて使い分けて利用する。

Chapter2・8で紹介した、次の記述を改めて確認してみましょう。

chapter02/index.html

```
<a href="about-html.html">HTMLとは</a>
```

ここで、最初の例では**href**属性にファイル名だけを指定しました。しかし、他のWebサイトにリンクを張りたい場合などは、「https:// 」から始まるアドレスをすべて指定していました。

chapter02/index.html

```
<a href="https://developer.mozilla.org/ja/">MDN Web Docs</a>
```

このような、リンク先や表示先を指定する方法を「パス」などといいます。パスには「相対パス」「絶対パス」と「ルート絶対パス」があります。

相対パス

相対パスは「自分自身の場所からの相対的な場所」を示すパスです。先のaタグで、ファイル名だけを指定していました。

```
<a href="about-html.html">HTMLとは</a>
```

　しかしここで、「about-html.html」というファイルを他のフォルダに移動してみましょう。
ここでは、「pages」というフォルダを作成して、移動してみました。

図2-10-1：もともとのファイルの配置

名前	∧	変更日	サイズ	種類
about-html.html		今日 12:02	5 KB	HTMLテキスト
index.html		今日 12:02	609 バイト	HTMLテキスト

図2-10-2：「pages」フォルダを作成して移動した

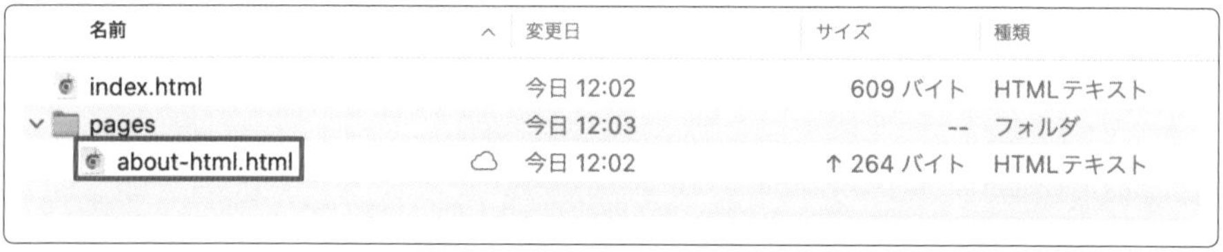

名前	∧	変更日	サイズ	種類
index.html		今日 12:02	609 バイト	HTMLテキスト
∨ pages		今日 12:03	--	フォルダ
about-html.html		今日 12:02	↑ 264 バイト	HTMLテキスト

　すると、リンクをクリックしても図2-10-3のように正しく表示されなくなります。これを
「リンク切れ」の状態といいます。自身の場所からずれてしまったために、パスが正しく通ら
なくなってしまったのです。

図2-10-3：リンク切れになった

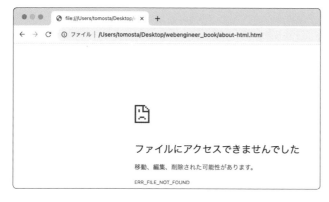

　このような場合は、次のようにフォルダ名をスラッシュ記号で区切って指定します。

```
<a href="pages/about-html.html">HTMLとは</a>
```

これで正しくリンクを張ることができます。

では今度は逆に、「about-html.html」から最初のページに戻るにはどうしたら良いでしょう？　この場合、「1階層上のフォルダ」を指定しなければなりません。次のように指定します。「about-html.html」ファイルの最後に次のように追加しましょう。

```
<a href="../index.html">トップページに戻る</a>
```

これで正しく戻ることができます。ドットを2つ並べた「..」という特別な記述が出てきましたが、これが「1階層上のフォルダ」を指定する記述になります。

このように、自身のファイルの場所を基準として指定するパスを「相対パス」とか「相対URL」などと呼びます。相対パスは、短い記述で指定できる反面、ファイルの場所を移動したりすると、リンク切れが起こりやすいというデメリットがあります。また、外部のWebサイトを相対パスで指定することはできないため、この後紹介する「絶対パス」を利用する必要があります。

> コラム
>
> **自身のフォルダを示す「.」**
>
> 相対パスを指定する場合、次のように記述することもできます。
>
> ```
> <a href="./pages/about-html.html">HTMLとは</a>
> ```
>
> ドット1つ (.) というのは、自身のフォルダという意味で、自身の場所を基準とした相対パスを表します。とはいえ、省略しても同じ意味になるため、あえて指定することはほとんどありません。

絶対パス

続いて、Chapter2・8でも利用した次のリンクをみてみましょう。

```
<a href="https://developer.mozilla.org/ja/" target="_blank">➡
MDN Web Docs</a>
```

このような、「https://」から始まるパスのことを「絶対パス」や「絶対URL」と呼びます。
この場合、外部のWebサイトなどへリンクを張ることができたり、例えばこの「about-html.html」のファイルを別の場所に移動しても、リンクが途切れないといったメリットがありますが、パスの記述が長くなるので相対パスとうまく使い分ける必要があります。

baseタグ

絶対パスでリンクを張る場合、次のように毎回記述するのは大変です。

```
<p><a href="https://developer.mozilla.org/ja/docs/Web/HTML">➡
HTML</a></p>
<p><a href="https://developer.mozilla.org/ja/docs/Web/CSS">➡
CSS</a></p>
<p><a href="https://developer.mozilla.org/ja/docs/Web/➡
JavaScript">JavaScript</a></p>
```

そこで、<base>というタグを利用すると便利です。まずは、<head>要素の中に次のように追加します。

```
<head>
  ..
  <base href="https://developer.mozilla.org/ja/docs/">
</head>
```

すると、リンクの時にこれを省略することができるようになります。

```
<p><a href="Web/HTML">HTML</a></p>
<p><a href="Web/CSS">CSS</a></p>
<p><a href="Web/JavaScript">JavaScript</a></p>
```

その他の絶対パスの指定方法

絶対パスの指定では、いくつか省略できる部分があります。ただしこれらは、Webサーバー（ダウンロード特典のChapter4参照）上でないと動作しないため、実際の動作を確認したい場合はダウンロード特典のChapter4を学習してから試してみてください。

スキームの省略

絶対パスでは、次のように先頭の「http」または「https」部分（これを、スキームと呼びます）を省略できます。

```
<p>参照： <a href="//developer.mozilla.org/ja/" ➡
target="_blank">MDN Web Docs</a></p>
```

この場合、自身と同じスキームで接続ができるのですが、あまり使う機会はありません。

ドメインの省略

同じWebサイト内（同ドメイン内）の場合、ドメイン部分を省略して次のように指定することができます。

```
<a href="/pages/about-html.html">HTMLとは</a>
```

この場合、自身のページがどこにあっても、Webサイトの先頭を基準にリンクすることができるので便利ですが、Webサーバーが必要だったりなど、特殊な使い方が必要になります。

こぼれ話 ☕ **ドットの読み方**
- - - - - - - - - - - - - - - - - -

「.」という記号は「ドット」と読みます。（英文の最後にあると「ピリオド」ですが、単体だとドットと呼びます）。

例えば、相対パスで「../」と書いたら「ドットドットスラッシュ」と読むのが正確ですが、読みにくいので「点」とか「チョン」と読む人が多く、「点々スラッシュ」とか「チョンチョンスラッシュ」などと読みます。

2・11

JPEG、PNG、GIF、WebP

Webページ上で扱える画像形式。ネットで画像を転送するには時間がかかるため、ファイルサイズを縮める「圧縮」がかけられる。この時、圧縮の方法によって形式が異なる。WebPがもっとも圧縮率が高い（ファイルサイズが小さくなる）が、古いWebブラウザでは対応していないため表示できないという問題がある。

Webページには文字だけでなく、画像や動画、音楽など、さまざまなメディアを掲載することができます。ここでは、図のような画像を貼り付けてみましょう。

図 2-11-1：Webページに張り付ける画像

画像ファイルを準備しよう

画像を貼り付けるには、まずはファイルを準備する必要があります。画像ファイルは画像編集ツールやお絵かきツールなどを使って自分で制作したり、デジタルカメラやスマートフォンで撮影した写真、また「フリー素材」と呼ばれる、Webサイトなどで利用されることを前提に販売や配布をされている画像素材を利用することができます。

ただし、Webで扱える画像には「形式」の制限があるので注意が必要です。例えば、Windowsの「ペイント」というお絵かきツールで作成した画像を保存する時、「ビットマップ形式（BMP）」という形式を選べますが、この形式はWebブラウザで表示することができないため、Webページでは扱うことができません。

図 2-11-2：「ペイント」で保存するときに形式を選べる

そこで、Webブラウザでも表示可能な次の形式から選ぶ必要があります。

Webサイトで使える画像形式

形式	説明
JPEG形式	写真などに適した形式
PNG形式	イラストや図などに適した形式
SVG形式	グラフや地図など線画に適した形式
WebP形式	JPEG、PNGの代わりに利用が期待されている次世代形式
GIF形式	PNG形式が登場する以前に利用されていた画像形式

　近年では、CanvaやFigma、Adobe ExpressといったWebブラウザで使える画像編集ツールなども登場していて非常に扱いやすくなっています。ここでは、「Canva」を使ってロゴを制作してみました。

　画像ファイルを準備したら、「index.html」と同じ場所に次のように保存します。

図 2-11-3：「index.html」と同じ場所にファイルを保存

そしたら、HTMLを次のように変更しましょう。

chapter2/index.html

```
<h1><img src="logo.png" alt="学習ノート"></h1>
<p>私の学習ノートを紹介します。</p>
```

これでHTMLファイルを保存し、Webブラウザに表示すると、図のようにロゴが画面に表示されました。

図2-11-4：Webページにロゴが表示された

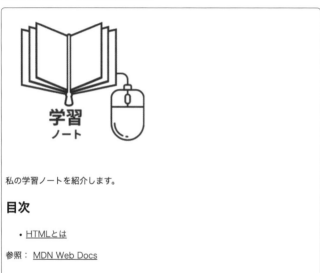

こうして、Webページを写真やイラストで彩ったり、説明のための図などを掲載することができます。

画像圧縮

コンピュータ用語で「圧縮」とは、データサイズを小さくするための作業のこと。本来画像データを保存するには、大きなデータ量が必要ですが、ネットを通じてダウンロードするのに時間がかかってしまい、なかなか表示されなかったり、ネットワーク回線を圧迫してしまうため、Web上で扱う画像にはこの圧縮が欠かせません。

例えば、先の画像は「PNG（ピング）」という画像形式です。Finderやエクスプローラーで確認すると「15KB（キロバイト）」というデータ量です。ではこれを、Windowsの「ペイント」でBMP形式で保存をして、ファイルの大きさを確認すると、264KBというデータ量になり20倍近いデータ量になってしまいました。

これは、BMP形式という画像形式が、画面上の各画素（Chapter2・17参照）の色の情報をすべて記録した「無圧縮」という状態で保存するのに対し、PNG形式などのWeb上で扱える画像形式は、データの管理方法を工夫して、データサイズを小さくする「圧縮」という作業を行っているため、サイズが小さくなるのです。

圧縮のデメリット

圧縮にはデメリットもあります。まとめてしまったデータを表示するには、元の画像に戻すための作業を行わなければならないため、余計な処理が増えてしまいます。また、次に紹介する「JPEG」などの画像形式の場合、圧縮の際にデータが省略されていることによって、画像の画質が劣化したり、色が変化したりしてしまう恐れがあります。

非可逆圧縮、JPEG

> 圧縮方式の1つで、圧縮したものを完全には元に戻せない方法（非可逆）で圧縮する方法。JPEG形式が代表的な例で、この形式の場合は画質を元のものから若干落とすことで、データ量を劇的に小さくすることができます。

画像の圧縮技術として、最も一般的な形式の1つがJPEG形式です。デジカメやスマホのカメラ機能などでも非常に広く利用されています。（iOSはHEICという形式が標準の設定になっていますが、設定を変更することもできます）。

JPEG形式は1992年頃から利用されている形式で、扱える環境も幅広いことから非常に使いやすく、ファイルサイズも小さくなる（これを、圧縮率が高いといいます）ことから、現在でも利用されています。

ただし一般的に使われているJPEG形式は、画像の中の情報を一部壊してしまう圧縮方式を取っています。これはつまり、一度圧縮をしてしまうと完全には元に戻すことができなくなってしまい、写真の「画質」が落ちてしまいます。このような、元に戻せない圧縮形式を「非可逆圧縮」といいます。

そのため、JPEG形式の画像を何度も編集しては圧縮することを繰り返してしまうと、ど

んどん画質が劣化していってしまいます。

　これだけ聞くと、あまり良い方法ではなさそうに感じますが、JPEG形式の圧縮技術はかなり高く、人間の目で見ても劣化したことが分からない程度の画質を保ったまま、劇的にファイルサイズを小さくすることができます。また、JPEG形式は「圧縮率」を調整することができます。画質を犠牲にして圧縮率を高めるか、画質を極力保ってデータ量を犠牲にするかなど、調整することができます。

図2-11-5：「圧縮率を調整する（Canvaでは「品質」で調整）

可逆圧縮、PNG形式

圧縮方式の1つで、完全に元に戻すことができる（可逆）圧縮方式。データの記録方法を工夫して圧縮するものではあるものの、非可逆圧縮に比べるとデータサイズは大きくなってしまいます（圧縮率が低いといいます）。

　写真などで広く使われているJPEG形式ですが、扱うのが苦手な画像の種類があります。それが、イラストや文字などの色と色の境目がはっきりとしている画像です。

　JPEG形式は、自然界の写真など「色の変化がなめらかな画像」に対しては、キレイなまま圧縮できるのですが、色がはっきり分かれているイラストなどの場合、その境界部分がぼやけるように見えてしまうことがあります。また、圧縮率も低くなってしまって、ファイルサイズが大きくなってしまいます（図は分かりやすいようにJPEGの画質を落としています）。

　そこで、JPEGの欠点を補う画像形式として、古くに使われていたのが「GIF（ジフまたはギフ）」という画像形式です。現在でも一部で利用されていますが、GIFには決定的な欠点として「色数が256色までしか使えない」という問題がありました。

　そのため、これを解決するための新しい画像形式として「PNG」形式が広く使われるようになりました。PNG形式の特徴は、JPEGとは逆に、完全に元の画像に戻すことができ

図2-11-6：境界部分がぼやけてしまっている

る圧縮形式である事。これを「可逆圧縮」といいます。（設定によっては非可逆圧縮にすることもできます）。また「不透明度」を設定でき、背景を透明にしたイラストなどを作ることもでき、イラストやロゴ・図版などに広く利用されています。

　写真についても劣化せずに保存ができるため、それだけを聞くとPNG形式の方が優れているように感じます。しかし、JPEG形式は非常に圧縮率が高いため、特に大きな写真などの場合は効率が非常に良くなります。

　そのため、写真などは圧縮率が高いJPEG、イラストなどは劣化しないPNGという具合に使い分けることが多いです。

音声・動画の圧縮形式

　Webでは、画像と同じように動画や音楽なども圧縮をして利用することが一般的です。それぞれについて紹介しましょう。

音声・音楽

　音声や音楽も画像と同様で、圧縮して利用するのが一般的です。次のような形式がよく利用されます。

■ MP3

　音声や音楽で最も利用されていた圧縮形式です。非常に小さいサイズまで圧縮することができますが、この後に紹介する形式に比べると、音質はあまり良くありません。

■ AAC / AIFF

　MP3の後継に当たるファイル形式で、音質を保ったまま、ファイルサイズを小さくすることができるため、現在ではこちらが一般的に利用されています。

動画

　動画も音声と同様で、圧縮して利用するのが一般的です。

■ MPEG-4

　動画で最も利用されているのが、MPEG-4（エムペグ4）形式です。圧縮率にも画質にも優れているため、デジタルビデオカメラや画像編集ソフトなどで幅広く利用されています。

■ QuickTime

Apple社の、QuickTime Playerというプレイヤーソフトで利用できる動画形式です。iPhone/iPadで撮影した動画はこの形式で保存されます。

■ WebM (ウェブエム)

Google社が開発した動画形式で、非常に圧縮率に優れた形式ですが、比較的新しい形式であるため、再生できる環境が限られています。

こぼれ話 ☕ **アニメーションで生き残るGIF**

- -

PNG形式の登場以前は使われていたGIFという画像形式は、現在では使うメリットがほとんどありません。しかし唯一、GIFには「アニメーションGIF」という簡単なアニメーションを作る機能が搭載されており、これがいまだに利用されています。

アニメーションGIFは、動画形式と違ってユーザーが「再生」の操作をしなくても、勝手にアニメーションされ、繰り返し再生されます。そのため、わざわざ再生をするほどでもない、ちょっとしたアニメーションなどに使われています。

コラム

新世代の画像圧縮方式「WebP」

本書執筆時点（2024年）で「新世代の画像形式」として注目されているのが、WebP（ウェッピー）という形式です。米Google社が開発した画像形式で、Web上で扱うことを念頭に、またJPEGとPNGの両方の性格をサポートできるように、非可逆圧縮・可逆圧縮のどちらも利用することができます。最大の特長はその圧縮率で、JEPGやPNGに比べて30%程度ファイルサイズが小さくなるとされています。

ただし、新しい画像形式が普及するには、各Webブラウザが表示をサポートする必要があります。WebPは本書執筆時点で、Google ChromeとApple Safariの14以降、Firefoxの65以降などがサポートをしています。しかし、これら新しいWebブラウザが使われていない場合には、画像が表示されません。

古いWebブラウザを無視できるような環境やWebサイトでは、一部採用が始まっていますが、まだ当面はPNGやJPEGが利用される機会が多いといえるでしょう。

2・12

フォーム

用語解説

　HTMLタグの1つで、ユーザーが入力した情報をサーバー側に送信することができる手段。入会フォームやメッセージ送信フォーム、コメント欄などで広く利用されている。

　テキストフィールドやテキストエリア、ラジオボタンやチェックボックスなど、多くの種類があり、入力する内容に合わせて選択する必要がある。

入力フォームを作ろう

続いて、次のようなHTMLを新しく作成してみましょう。

chapter02/form.html

```
<!DOCTYPE html>
<html lang="ja">

<head>
    <meta charset="UTF-8">
    <meta name="viewport" content="width=device-width, ➡
initial-scale=1.0">
    <title>フォーム</title>
</head>

<body>
    <form action="">
        <label for="name">お名前：</label>
        <input type="text" name="name" id="name">
    </form>
```

```
    </body>

    </html>
```

　これを画面に表示すると、図のように「お名前」という「ラベル」と、その右側に長方
形が表示されます。

図 2-12-1：Web ブラウザで表示したところ

```
お名前： [                    ]
```

　この長方形のような形をしたものを「テキストフィールド」と呼びます。このテキストフィー
ルドをクリックすると、テキストカーソル（縦棒のような記号）が表示され、キーボードから文
字を入力すると内容が反映されます。

図 2-12-2：文字を入力したところ

```
お名前： [たにぐち　まこと|    ]
```

　これは、HTMLに準備された「フォーム」というパーツで、Webサイトの利用者が自由
に内容などを書き込むことができるという特別なパーツです。

フォーム

> 📝 Webページ内にユーザーが入力・操作できるパーツ群を配置できるしくみ。お
> 問い合わせフォームや、入会フォーム、ログインフォームなど、ユーザーが自身の情報
> を入力するのに利用されます。

　Webページというのは、「見出し」や「本文」「画像」といった具合に、利用者はそれ
を「見る」ことしかできないパーツがほとんどです。「Webブラウザ」の「Browse」という
英語も「拾い読みする」といった意味のある英語で、Webサイトというのは「見る」こと
を中心としたメディアでした。

しかし、例えば記事に対してコメントを入力したいとか、他の人にメッセージを送信したい、個人情報を登録して会員登録をしたいなど、自身の情報を入力したいことはよくあります。そんなときに利用できるのが、このフォームパーツなのです。

フォームパーツの種類

　フォームパーツには、先に紹介したテキストフィールドの他にもさまざまな種類があります。独自の HTML タグがある場合と、**<input>** タグの **type** 属性を変更することで、見た目や機能が変わる場合があります。それぞれ紹介しましょう。

■ テキストフィールド

```
<label for="">お名前：</label>
<input type="text" name="" id="">
```

図 2-12-3

```
お名前：
[                              ]
```

　先の通り、テキスト情報を入力できる入力パーツです。改行をすることができないため、1行分の情報を入力することができます。名前などの入力に使われます。

■ テキストエリア

```
<label for="">お問い合わせ内容：</label>
<textarea name="" id=""></textarea>
```

図 2-12-4

```
お問い合わせ内容：
[                              ]
```

　テキストフィールドと同様に、キーボードからテキストを入力できるパーツです。テキスト

フィールドと違って改行を入れることができ、コメントの本文やお問い合わせの内容などに広く利用されます。

■ チェックボックス

```
<label for="">興味のある分野（複数選択可）：</label><br>
<label><input type="checkbox" name="q1" id="" value="1">ビジネス➡
</label><br>
<label><input type="checkbox" name="q1" id="" value="2">エンター➡
テイメント</label><br>
<label><input type="checkbox" name="q1" id="" value="3">音楽➡
</label><br>
```

図 2-12-5

興味のある分野（複数選択可）：
☐ ビジネス
☑ エンターテイメント
☑ 音楽

　空欄とチェックのついた状態を切り替えることができるパーツです。チェックをつけることで、選択したことを示すことができます。このパーツは、単独で使われることもありますが（例えば規約への同意や、YES/NO の選択など）、図 2-12-5 のように複数のチェックボックスを組み合わせて、複数の選択肢から複数選択できる項目を作成するのによく利用されます。

■ ラジオボタン

```
<label for="">性別：</label><br>
<label><input type="radio" name="q2" id="" value="男性">男性➡
</label><br>
<label><input type="radio" name="q2" id="" value="女性">女性➡
</label><br>
<label><input type="radio" name="q2" id="" value="無回答">➡
無回答・その他</label><br>
```

図 2-11-6

性別：
○ 男性
○ 女性
◉ 無回答・その他

　チェックボックスと同様に、空欄とチェックのついた状態があるパーツ。ただし、チェックボックスと違って一度チェックをつけてしまうと、再度クリックしてもチェックを外すことはできません。

　代わりに、他の回答欄をチェックするとそちらにチェックが移り、いずれか1つしか選択できない状態になります。性別や年齢層、職業など、単一の選択肢を作成したい場合に利用されます。

こぼれ話　「ラジオボタン」の名前の由来

　ラジオボタンの「ラジオ」とはなんでしょう。これは、昔のカーラジオなどから来ています。

　昔のラジオなどは、どれかのボタンを押し込むと、それまで押されていたボタンが跳ね上がって、どれか1つのボタンだけが押された状態になっていました。これを元に、単一の選択用パーツを「ラジオボタン」と呼びます。

■ セレクトボックス・ドロップダウンリスト

```
<label for="">ご意見・ご要望など：</label>
<select name="q3" id="">
   <option value="1">とても良かった</option>
   <option value="2">良かった</option>
   <option value="3">普通</option>
   <option value="4">あまり良くなかった</option>
   <option value="5">良くなかった</option>
</select>
```

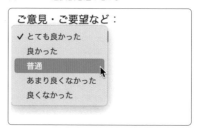

図 2-12-8：通常の状態

ご意見・ご要望など：

とても良かった

図 2-12-9：選択肢を選ぶところ

ご意見・ご要望など：

✓ とても良かった
　良かった
　普通
　あまり良くなかった
　良くなかった

　`<select>`タグと`<option>`タグという、2つのタグを組み合わせて作るHTMLパーツです。図2-12-8のように、最初は1行分の内容しか表示されていませんが、クリックすることで複数の選択を表示することができ、いずれか1つを選択することができます。

　そのため、機能としては「ラジオボタン」と変わりませんが、選択肢の数が非常に多い場合にラジオボタンだと、画面上を占有してしまうため、コンパクトに表示したいときに利用します。都道府県の表示や、商品のジャンルの選択などに利用されます。

こぼれ話 ☕ マルチセレクトボックス

　セレクトボックスには「`size`」という属性を付加することができ、これを利用すると図のようにリストの内容を展開して表示することができます。

　さらに、`multiple`属性というのを付加すると、複数の項目を選択でき、チェックボックスの代わりに使うことができます。

図 2-12-10：
size属性を付けたところ

ご意見・ご要望など：

とても良かった
良かった
普通
あまり良くなかった
良くなかった

```
<select name="q3" size="5" id="" multiple>
...
```

　しかし、このマルチセレクトボックスは、操作が非常に煩雑で、複数の項目を選ぶにはWindowsは［Ctrl］キーを押しながら、macOSは［command］キーを押しながら選択しなければなりません。選択する項目自体もかなり小さく、操作しにくいパーツなため、近年ではほとんど利用されることはありません。チェックボックスを使うと良いでしょう。

図 2-12-11：
**multiple属性を付けると
複数の項目を選択できる**

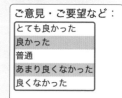

ご意見・ご要望など：

とても良かった
良かった
普通
あまり良くなかった
良くなかった

```
<label for="">パスワード</label>
<input type="password" name="password" id="">
```

テキストフィールドの派生パーツで、1行テキストが入力できるのは変わりませんが、入力した文字が伏せ字（●や*等。Webブラウザによって異なります）に置き換わることで、入力した文字が周りから分からなくなるようにすることができる入力欄です。

名前の通り、ログイン画面や入会画面などのパスワード入力欄として利用することができます。

図 2-12-12

パスワード
···

■ ファイル

```
<label for="">ファイル：</label>
<input type="file" name="file" id="">
```

図 2-12-13

ファイル：
ファイルを選択　選択されていません

ファイルを選択するためのボタンが表示され、クリックすると手元のファイルを選択することができます。画像のアップロードや、PDFなどのアップロードに使うなど、入会手続きの時などに活躍するフォームパーツです。

■ ボタン、送信ボタン、リセットボタン

```html
<button type="submit">送信する</button>
<button type="button">クリックしてください</button>
<button type="reset">リセット</button>
```

図2-12-14

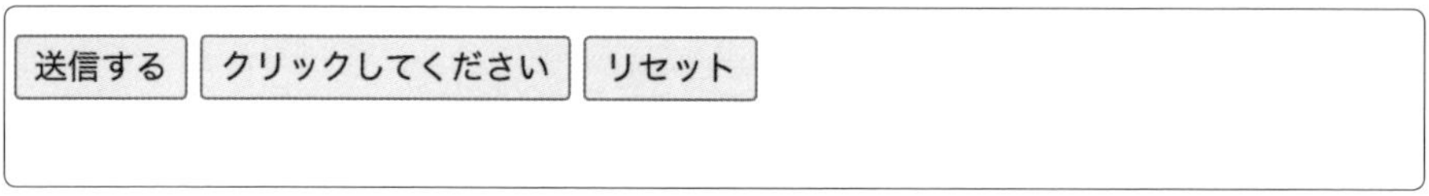

| 送信する | クリックしてください | リセット |

クリックすることができるボタンパーツを作成します。type属性の値を変更すると、それ
ぞれ次のような機能を付与することができます。

値	説明
submit	フォームの内容をサーバーに送信します。詳しくは特典 Chapter4・19で紹介します
button	特に役割を与えず、JavaScript（Chapter3参照）などで機能を与えることができます
reset	フォームに入力した内容を消去することができます。検索画面などで利用します

入会フォームやお問い合わせフォームなど、入力した内容をサーバーに送信する必要が
ある場合、送信ボタンを必ず設置する必要があります。

こぼれ話 ☕ inputタグで作成するボタン

ボタンは、実は次のように<input>タグで作成することもできます。

```html
<input type="submit" value="送信する">
<input type="button" value="クリックしてください">
<input type="reset" value="リセット">
```

どちらも、同じように利用することができます。<button>タグはHTML4.0という
バージョンで実装されたため、それ以前に作成したWebページなどでは現在も
<input>タグが利用されています。これから利用する場合は特別な理由がなければ、
<button>タグを利用すると良いでしょう。

■ その他の入力項目

`<input>` タグには、この他にもさまざまな種類があります。ここでは、一覧で紹介するので、興味があるものがあれば、実際に書き換えて試してみましょう。

値	説明
email	メールアドレスを入力できます
tel	電話番号を入力できます。スマートフォンなどの場合、キーボードが制御され、数字とハイフンなどの記号だけが入力できるようになります
number	数字を入力できます
range	最小値と最大値を指定することで、範囲を指定できます
search	機能的にはテキストフィールドと同様ですが、Webブラウザの種類によっては見た目が変化することがあります
color	色を指定することができます。カラーピッカーが表示されます
date/datetime-local/ month/time/week	日付や時間を指定できます。カレンダーなどが表示されます

required 属性とフォームチェック機能

前述の「こぼれ話」の通り、`type` 属性を `email` や `tel` 等にすると、メールアドレスや電話番号を入力できます。

```
<label for="">メールアドレス：</label>
<input type="email" name="email" id="">
```

これらは、見た目はテキストフィールドと変わりません。

しかし、メールアドレスの書式に沿っていない文字列を入力したときの動きが異なります。「abc」などと入力して［Enter］キーを押してみましょう。Google Chromeの場合、図のようなエラーメッセージが表示されました。

図2-12-15：メールアドレスのフィールド

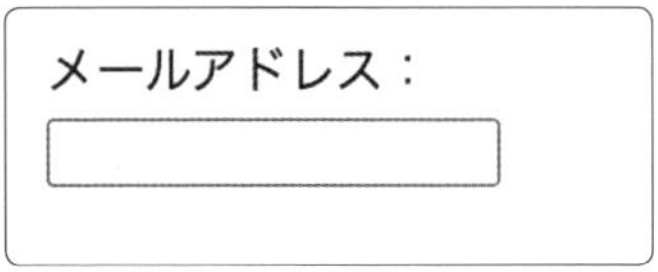

メールアドレス：

図2-12-16：エラーメッセージ

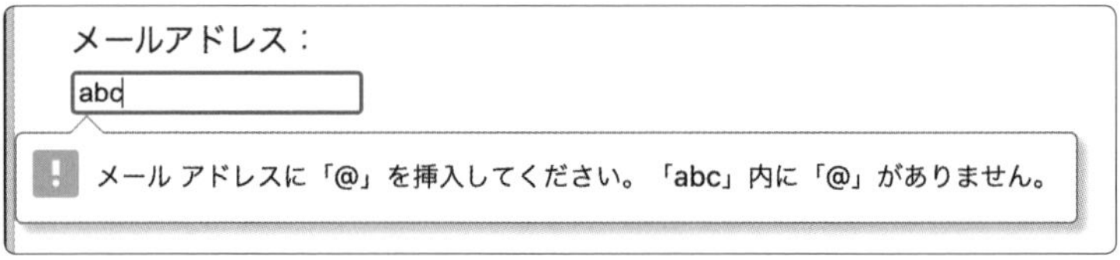

メールアドレス：

abc

！ メール アドレスに「@」を挿入してください。「abc」内に「@」がありません。

　メールアドレスとして正しい書式で入力すると、何も起こらなくなります。このように、近年のWebブラウザには入力チェック機能が付属していて、標準でチェックを行ってくれます。

　また、各入力項目には「**required**（必要とするといった意味）」というグローバル属性（Chapter2・4参照）を付加することができます。

```
<label for="name">お名前：</label>
<input type="text" name="name" id="name" required>
```

　すると、この項目は空欄のまま送信しようとすると、図のようにエラーメッセージが表示されます。

図2-12-17：required属性のフィールドは空欄のままにできない

お名前：

！ このフィールドを入力してください。

　こうして、不正な値や不正確な値がサーバーに送信されるのを防ぐことができます。

とはいえ、これらの機能はユーザーの操作で無効にしたり、チェックをすり抜けてしまうこともできます。そのため、実際の入力項目は送信されたサーバーサイド（特典のChapter4参照）でも改めて確認する必要があるので気をつけましょう。

2 • 13

スタイルシート、CSS

用語解説

スタイルシートは、Webページの「見た目」を整えるためのコンピュータ言語（スタイルシート言語という）で、HTMLと一緒に利用される。現在ではスタイルシートには「CSS (Cascadign Style Sheet)」が利用される。

CSSを書いてみよう

CSSは「Cascading Style Sheet」の頭文字を取ったもので、Cascadingとは「階段状の」といった意味。この後紹介する「セレクタ」というものを利用することで階層的に要素を指定できることからこのように呼ばれています。

前節でHTMLファイルを作成してみました。**\<h1>** というHTMLタグを使えば、文字を太くしたり大きくしたりできましたが、ちょっと大きすぎるとか、文字の色を変えたいなど「見た目」を変えたい場合にはどうしたら良いでしょう？

これには「スタイルシート」という、また別のコンピュータ言語を利用します。

ここまでで作成した「index.html」を次のように変更してみましょう。

chapter02/index.html

```
<h1 style="font-size: 1.5em; color: rgb(26, 188, 156)">学習ノート➡
</h1>
```

これで再度Webブラウザに表示すると、図2-13-1のように文字の大きさが少し小さくなり、文字の色が緑に変わりました。HTMLタグの中に**style**という属性を追加し、その中でHTMLとはまた違った書式のキーワードなどが並べられています。これが、CSSというスタイルシートです。

図 2-13-1：「学習ノート」の文字の色が変わった

学習ノート ── 文字が小さくなった
私の学習ノートを紹介します。
目次
・ HTMLとは
参照： MDN Web Docs

コラム

「スタイルシート」と「CSS」

　「スタイルシート」と呼ばれる技術の中には、CSS以外にもいくつかの種類があるのですがWeb制作では現状、CSSのみが利用されています（SCSSという技術がありますが、これはCSSの派生形です。Chapter3・6参照）。そのため、現状では「スタイルシート＝CSS」と考えてしまって問題ないでしょう。

CSSの書式

　CSSは次のような書式で記述します。

CSSの書式

```
プロパティ: 値;
```

　例えば、次のCSSを見てみましょう。

```
font-size: 1.5em; color: red(26, 188, 156);
```

　ここでは「**font-size**」という文字の大きさを変更するプロパティと、「**color**」という文字などの色（＝前景色）を変更するプロパティを調整しています。

プロパティ（Property）は「特性」や「性質」といった意味のある英単語で、ここに設定したい値を指定することで、見た目を変化させることができます。

　CSS について詳しくは、以下の YouTube でも紹介していますのでご参照ください。

https://www.youtube.com/watch?v=cB2w1KT1lYA

こぼれ話 ☕ CSS 登場以前の Web サイト

　CSS が登場する前、Web ページを作るときは HTML に装飾専用のタグや属性が準備されていました。

　例えば、文字の色と大きさを変えたい場合は、**\<font\>** タグというものを使って次のように記述します。

```
<h1><font size="18" color="red">見出し1</font></h1>
```

　すると、18pt の大きさで赤い文字で表示されます。そして実は、今の Web ブラウザも過去との互換性を保つために、これらのタグや属性は今も現役で動作します。

　もちろん、現在ではすでに仕様としても存在していないので、使うべきではありませんが、Web ブラウザがずっと昔の HTML を理解する力を残しているという部分に感心してしまいます。

2・14

インラインCSS、内部参照、外部参照

用語解説

CSSの指定方法。CSSを適用できる範囲の広さが「インラインCSS→内部参照→外部参照」の順で広くなる。
基本的には外部参照が使われるが、プログラムなどとの連携の場合に内部参照やインラインCSSが使われることもある。

前節で、CSSというものを紹介しました。その際、HTMLタグに直接CSSを書き込む「インラインCSS」という方法で記述しました。しかしインラインCSSは、例えば次のようなケースに困ります。

例）

```
<p>一段落目です</p>
<p>二段落目です</p>
```

この両方の段落の文字の大きさを変えたい場合、インラインCSSでは次のように同じ指定を2回する必要があります。

```
<p style="font-size: 18px">一段落目です</p>
<p style="font-size: 18px">二段落目です</p>
```

同じ指定を何度も書くのは手間がかかりますし、修正するときも大変です。このような場合、一般的にはCSSをHTMLとは別の場所で管理する「内部参照」または「外部参照」という方法が使われます。

まずは、HTMLからインラインCSSを削除して次のように元に戻しておきましょう。

```
<h1>学習ノート</h1>
```

これで、見た目も元に戻りました。改めて、スタイルシートを記述してみましょう。<head>タグの最後に、次のように記述します。

```
...
<style>
h1 {
  font-size: 1.5em;
  color: rgb(26, 188, 156);
}
</style>
</head>
```

こうして画面を表示すると、HTMLはシンプルになりましたが、ちゃんと見た目は整えられています。HTMLとCSSを分離することができ、管理もしやすくなります。

セレクタで対象を指定する

CSSを内部参照で記述する場合、CSSの書き方が少し変わります。次のような記述が増えました。

```
h1 {
}
```

これを「セレクタ」といい、ここでは「h1要素」を対象とするという指定をしています。セレクタについては、Chapter2・15で詳しく紹介します。

外部参照で指定しよう

内部参照では、ページ内の要素に一気にCSSを適用することができますが、例えば「index.html」と「about-html.html」の両方に同じスタイルを適用したい場合は、やはり同じ記述を2回書かなければならなくなります。

そこで、CSSを専用のファイルにしてHTMLと完全に分けて管理することができます。

VSCodeで、新しいファイルを作成しましょう。先と同様の内容を記述します。ただし、**<style>**タグは不要です。

```
h1 {
  font-size: 1.5em;
  color: rgb(26, 188, 156);
}
```

これを、「ファイル→名前をつけて保存」メニューをクリックし、HTMLと同じフォルダーに「style.css」というファイル名で保存します。CSSのファイルは拡張子（ファイルの名前の最後の3文字：Chapter2・1参照）を「.css」にする必要があります。

そしたら、HTMLファイルを変更して次のように**<link>**というHTMLタグを**<head>**タグの中に追加しましょう。なお、先の手順で追加した**<style>**タグは不要なので削除してしまいましょう。

head要素全体は次のようになります。

chapter02/index.html

```
<head>
  <meta charset="UTF-8">
  <title>学習ノート</title>
  <link rel="stylesheet" href="style.css">
</head>
```

これで画面を表示すると、やはり同じ見た目を維持しています。HTMLファイルからは、完全にCSSが消えたためすっきりしました。

図2-14-1：図2-13-1**と同じ表示になる**

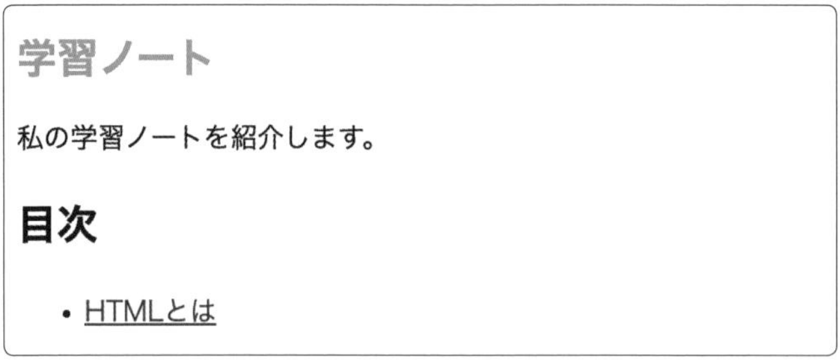

学習ノート

私の学習ノートを紹介します。

目次

- <u>HTMLとは</u>

他のファイルからもリンクしよう

続いて、「about-html.html」からも同じCSSを参照してみましょう。**\<head>**要素に、同じく**\<link>**タグを追加します。ただし、「パス（Chapter2・10参照）」が少し変わります。1階層上にCSSファイルがあるため、「../」をつけなければなりません。

chapter02/ about-html.html

```
    <link rel="stylesheet" href="../style.css">
</head>
```

これで、同じスタイルを適用することができました。

図2-14-2：「HTMLとは」の文字に色が付いた

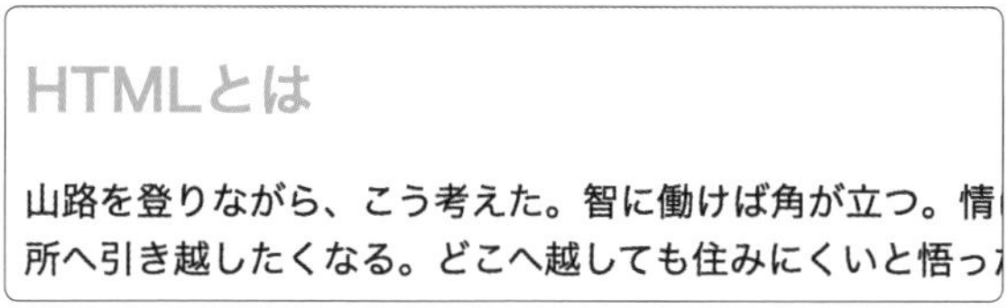

```
HTMLとは

山路を登りながら、こう考えた。智に働けば角が立つ。情
所へ引き越したくなる。どこへ越しても住みにくいと悟っ
```

こうして、複数のページがあるWebサイトでも、統一した見た目を整えていくことができます。

まずは外部参照だけ利用しよう

このように複数の指定方法があるCSSですが、どのように使い分けたら良いのでしょう？

迷った場合は、まずは「外部参照」を使うと良いでしょう。外部参照だけで済む場合には、内部参照やインライン指定は使う必要はありません。これらは主に、プログラム開発などで必要になる手段です。

むやみに内部参照やインライン指定を使ってしまうと、HTMLとCSSが分離できず、大規模なWebサイトになると、どこになにが書いてあるのかも分かりにくくなってしまいます。

2・15

セレクタ

用語解説

CSSでHTMLの要素を指定するための記述方法。内部参照や外部参照でのCSS指定で、まとめて各要素のスタイルを調整することができるようになる。要素名やクラス、id等の属性で指定することもできる。

さて、ここでCSSファイルの内容を確認していきましょう。プロパティと値が指定されているのは、前節までで解説したとおりです。その前後に、次のような記述があります。

```
h1 {
  ...
}
```

HTMLタグの要素名が記述されています。これによって、「どの要素に対して、そのスタイルを適用するか」という範囲を指定しています。これを「セレクタ（Selector：「選択するもの」といった意味）」といいます。

セレクタは、このように要素名だけを指定できるだけでなく、さまざまなルールで絞り込むことができます。

例えば、「index.html」で最後の以下の部分を次のように変更してみましょう。

chapter02/index.html

```
<p>参照: <a href="https://developer.mozilla.org/ja/" ➡
target="_blank">MDN Web Docs</a></p>
```

```
<div>
  <p>参照：<a href="https://developer.mozilla.org/ja/" ➡
target="_blank">MDN Web Docs</a></p>
  </div>
```

　外側に、**\<div\>**というタグを追加しました。さて、ここでこの「参照〜」の部分の文字の大きさを、他に比べて少し小さくしたいとしましょう。

　そこで、「style.css」に次のように追加してみましょう。

style.css

```
p {
  font-size: 0.8em;
}
```

　文字の大きさ（`font-size`）を、少し小さく（0.8文字分。`em`という単位については
Chapter2・17参照）なるように変更しました。これで画面を表示してみましょう。文字の大きさが小さくなりました。しかし、よく見るとその上の「私の学習ノート〜」の部分も小さくなってしまっています。

図2-15-1：2か所の文字が小さくなった

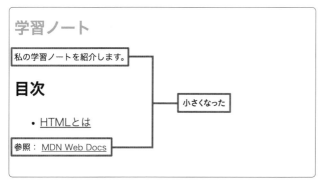

ここも、**\<p\>** タグになっていて、セレクタによってスタイル変更の対象になってしまっているためです。

style.css

```
<p>私の学習ノートを紹介します。</p>
```

　ここで「参照〜」だけを小さくするにはどうしたら良いでしょう。「参照」の **\<p\>** タグは、先ほど追加した **\<div\>** タグに囲まれています。これを利用することができます。CSSを次のように変更してみましょう。

style.css

```
div p {
    font-size: 0.8em;
}
```

　今度は、「参照〜」の方だけが小さくなりました。

　セレクタをみると「**div p**」と要素名が半角空白で区切られて並べられています。これにより、「**div**要素の中に入っている**p**要素」だけを対象とするという指定ができます。これをCSSの「子孫セレクタ」といい、HTMLタグの場所を細かく指定することができます。

クラスセレクタ、class 属性

　　セレクタの中で、最も利用されるセレクタの1つ。HTMLタグに「class」属性を付加してクラス名をつけ、そのクラス名を使ってセレクタとするもの。柔軟にCSSを作ることができる。

　子孫セレクタの次によく利用されるのが「**class**」という「グローバル属性（いろいろな要素に指定できる属性のこと（Chapter2・4参照）」を利用したセレクタです。
　例えば、先の例では「**div**要素の中の**p**要素」と指定しましたが、「**div**要素を**section**要素（後述）に変えたいな」などと思い、次のように変更したとしましょう。

```
<section>
  <p>参照： <a href="https://developer.mozilla.org/ja/" ➡
target="_blank">MDN Web Docs</a></p>
</section>
```

すると、スタイルシートが外れてしまいます。指定した子孫セレクタの対象ではなくなって
しまったためです。

`class`属性を使えば、このような要素名に依存することがなくなります。次のようにして
みましょう。

```
<section class="reference">
  <p>参照： <a href="https://developer.mozilla.org/ja/" ➡
target="_blank">MDN Web Docs</a></p>
</section>
```

すると、CSSには次のようなセレクタを利用できます。

```
.reference p {
    font-size: 0.8em;
}
```

こうすればHTMLの構造とは独立してスタイルシートを適用できるため、`<div>`でも
`<section>`でも問題なく利用できます。クラスセレクタは、次のように指定します。

クラスセレクタの指定方法

```
.クラス名 {
    ...
}
```

要素名を前に付加することもできます。

```
section.reference {
...
}
```

ただ、これでは結局、要素名に依存してしまって、クラスセレクタのメリットがあまりないので、ほとんどの場合は省略して利用されます。省略した場合は、要素名を変更しても問題なく利用できます。

こぼれ話 🍵 **その他のセレクタ**
- - - - - - - - - - - - - - - - - -

　この他にもCSSには、さまざまなセレクタがあります。それぞれについて詳しくは、次のYouTube等もご覧ください。

　https://www.youtube.com/watch?v=eZICdp-Iht4

コラム

div タグと section タグ

　HTMLタグには、数多くの種類があります。本文ででてきた `<div>` タグとは「Division（分割）」という意味のタグで、HTMLの文書を領域ごとに分割することができます。

　`<section>` も同じような意味のタグで、これらは特にどちらを使っても、画面の見た目などには変化はありません。HTML文書内を整理するときに比較的自由に使われます。

2・16

コメント

用語解説

ソースコードの中に記述できる注釈やメモで、後で自分で見返したときや、他のチームメンバーなどが、その場所で何をしているのかを分かるようにしたり、自分にメモを残しておいたりできる。

Webサイトを制作していると、ファイルの内容がどんどん大きくなり、ソースコードを見るだけでは、どこで何をしているのかよく分からなくなってしまったりします。

そこで、ソースコードの中にメモや伝言を残しておくことができます。次のように記述しましょう。

chapter02/index.html

```
<!-- ここから目次 -->
<h2>目次</h2>
<ul>
  ...
```

このように記述しておくと、ここから目次が始まることが明確になります。このコメントは、残したままにしてもWebブラウザに表示するときには影響を与えることがなく、ソースコードを見る人にだけ役に立つ情報です。

HTMLのコメントは次のような書式で複数行指定することもできます。

複数行のコメントの書き方

```
<!--
改行を入れて
複数行のコメントにすることもできます
-->
```

少し記号が複雑なので気をつけましょう。

コメントアウト

> 🔲 コメントは、メモを残すだけでなく「一時的に隠しておきたい内容」を隠すときに
> も使われます。このような作業を「コメントアウト」などと言い、よく利用されるテク
> ニックです。

　例えば、次のように制作途中のコンテンツを、画面に表示させたくない場合などに前後
にコメントの記号を入れることで、画面から隠すことができます。

```
<!--
    <p>まだ、制作中のコンテンツ</p>
-->
```

コメントはソース表示で見えてしまうので注意

　コメントやコメントアウトで注意したいのが、画面からは見えなくなっているように思えま
すが、HTMLソースを表示すると見えてしまうという点です。意外と、Webエンジニアなど
の場合、他人のWebサイトのソースコードが気になって見てしまったりすることがあります。

図2-16-1：Webサイトのソースコードを表示させたところ

```
13
14    <!-- ここから目次 -->
15    <h2>目次</h2>
16    <ul>
17      <li><a href="pages/about-html.html">HTMLとは</a></li>
18    </ul>
19
20    <div>
21      <p class="reference">参照： <a href="https://developer.mozil
22    </div>
23
24    <!--
25      <p>まだ、制作中のコンテンツ</p>
26    -->
27  </html>
```

このとき、まだ公開してはいけないような情報などがコメントになっていると、見られてしまうので気をつけましょう。

コメントは入れ子にできないので注意

コメントは、中にさらにコメントを入れることはできません。次の例を見てみましょう。

```
<!--
  <!-- ここから新しいコンテンツ -->
  <p>まだ、制作中のコンテンツ</p>
-->
</html>
```

これを画面に表示すると、図のようにコメントの一部が画面に表示されてしまいます。これは、コメントの終わりの記号が混在してしまい、途中でコメントが終わってしまうことが原因です。

図2-16-2：Webサイトのソースコードを表示させたところ

参照： MDN Web Docs

まだ、制作中のコンテンツ

-->

コメントはあらかじめ取り除いておきましょう。

CSS コメントを記述しよう

CSSにもコメントを記述することができます。次のような書式となります。

CSSコメントの書き方

```
/* コメント内容 */
```

CSSコメントは、この記号で挟まれていれば複数行のコメントを記述することもできます。

```
/*
複数行の
コメント
*/
```

次のように、CSSの内容を説明するときなどに利用すると良いでしょう。

```
/* 参照サイト */
.reference {
    font-size: 0.8em;
}
```

なお、CSSコメントもHTMLと同様にソース表示で、誰でも見ることができるため、内容には気をつけましょう。

こぼれ話　HTMLの終了タグを説明するコメント

- -

HTMLは同じようなタグがいくつも使われると、次のように終了タグが何個も同じものでつながってしまうことがあります。

```
        </div>
      </div>
    </div>
```

すると、どのタグが何を表しているのかが分からなくなってしまうため、次のように終了タグの隣に、どのタグの終了タグかを示すコメントを入れたりします。

```
        </div><!-- /news -->
      </div><!-- /main -->
    </div><!-- /container -->
```

こうすれば、開始タグとの関連性が分かりやすくなります。また、このようなコメントを自動で入れてくれるエディタソフトなどもあります。

2・17

ピクセル (px)

📖 用語解説

px は「ピクセル」と読み、一般的には画像を構成する1つの光を発する粒（画素）を表す単位のこと。Web ではボタンやエリアの大きさなどに利用される。

ボタンを作ろう

例えば、図 2-17-1 のようなボタンを作成してみましょう。ここでは、「button.html」という新しいファイルを作成し、次のような HTML と内部参照 CSS を記述しました。

chapter02/button.html

```
...
<style>
button {
  width: 150px;
  height: 50px;
  background-color: lightgray;
}
</style>
</head>

<body>
  <button>ボタン</button>
</body>
```

図 2-17-1：**ボタンが表示される**

　この場合、幅（`width`）が150px、高さ（`height`）が50pxという大きさに設定されています。この「**px**（ピクセル）」というのは、コンピュータの画面で利用される基本的な単位で、日本語では「画素」といいます。

　1ピクセル（=1画素）というのは、画面を構成する小さな光の点1つ分のことです。例えば、CSSを次のように変更してみましょう。

chapter02/button.html

```
button {
  width: 1px;
  height: 1px;
  background-color: red;

  padding: 0; /* 余白をなくす */
  margin: 0;
  border: none; /* 枠線をなくす */
}
```

　余白や枠線によって幅が広がってしまうため、これらを無効にするCSSを付け足していますが、このように**1px**に設定すると、画面に小さな赤い点があることが分かります（図では分かりやすいように拡大しています）。

図 2-17-2：**小さな赤い点が表示される**

　この赤い点が画素で、この大きさを「1px」と数えます。画素の実際の大きさは利用しているディスプレイの性能などによって異なります。また、「スケーリング（P.148参照）」という機能によって実際の画素よりも拡大されている場合もあります。

　この点の数で大きさを表します。

メートル、インチ

私たちが普段利用する単位として、一般的な物にセンチメートルや米国などで使われているインチなどがあります。実は、Webでもこれらの単位を利用することはできます。

CSSを次のように変更してみましょう。

chapter02/button.html

```
button {
  width: 5cm;
  height: 1cm;
  background-color: lightgray;
}
```

図 2-17-3：cmも指定に使える

ここでは、幅（`width`）を5cm、高さ（`height`）を1cmと指定しました。しかし、ここで作られたボタンに定規を当てても、実際には5cmにはなりません。表示しているディスプレイの環境や、コンピュータの設定などで実際の大きさは変わってしまいます。そのため、センチメートルやインチといったサイズは画面上ではほとんど役に立ちません。

Webブラウザの「印刷」機能を使ってWebページを印刷するときなどに利用される単位で、画面への表示ではこれらの単位は使わないのです。

Webには、この他にも印刷物を制作する「組版」などを参考に作られた単位があり、初めて聞くとピンとこない単位もあります。

■ in（インチ）

米国などで使われている長さの単位。cmと同様、画面上では実際の1インチにはなりません。なお、仕様上1インチは96pxと定められていて、他の印刷用の単位はこの1インチ=96pxを元に計算されています。

- pt (ポイント)
1/72インチ。文字のサイズなどで使われます

- Q (級)
1/4mm。日本での組版で使われています

- pc (パイカ)
1/6インチ。

■

　このあたりの単位は、実際に組版などをされている方でなければ、無理に利用する必要はないため、基本的には「px」を利用すれば良いでしょう。

画面解像度

　　ディスプレイの性能を表す単位で、画面が何画素で構成されているかを示します。画面の実際の大きさに対して、画素数が多いほど高性能とされていて、近年では4K（横4,000画素）や8K（横8,000画素）などが一般的になってきています。

　テレビやPCのモニター（ディスプレイ）にはさまざまな大きさがあります。一般的に画面の大きさは、画面の対角線の長さを「インチ」で表し、モニターだと24インチや32インチ、テレビだと40インチや60インチなどの大きさが一般的です。

図2-17-4：cmも指定に使える

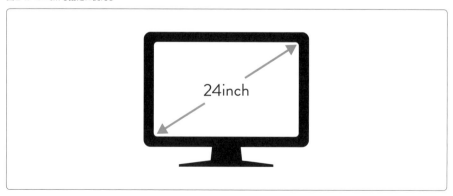

ただし、どんなに大画面でも、画素1つ1つが大きいと表示できる内容は少なくなってしまい、画像も粗くなってしまいます。

　そこで、ディスプレイの性能を表すのに、何個の画素で画面が構成されているかを横×縦という表記で表します。例えば、1024×768ドットとか3840×2160ドットなどの数字で表され、この画素数と画面の大きさの兼ね合いで、ディスプレイの「性能」が決まってきます。実際にはこれに加えて、色数や画面を切り替える速さ（リフレッシュレート）などによっても性能が変わります。

図 2-17-5：**画面解像度**

　なお、画面解像度を略して「解像度」と呼ぶことがありますが、本来の「解像度」は印刷業界などで使われる場合、少し違った言葉（1インチあたりの画素数でdpiという単位で表される）として使われるため、主にディスプレイの性能として表されるのは「画面解像度」となります。

4K、8K

　　画面解像度の高いディスプレイを表す言葉で、横の画素数を表します。Kは「キロ」のことで、4Kは横が4,000px前後、8Kは横が8,000px前後の画面解像度を表します。

スケール、スケーリング

ディスプレイの拡大率のこと、また拡大・縮小すること。近年の高性能ディスプレイでは、画素が非常に小さいため、画面を拡大することで高精細な表示を実現している。

近年のディスプレイは高性能化が進み、小さなディスプレイサイズのノートパソコンやスマートフォンでも、かなり高解像度になりました。この、画面サイズに対する解像度を表す性能を「ppi（Pixels Per Inch）」といい、1インチあたりに何画素が含まれているかで測ります。

例えば、2023年に発売されたiPhone 15 Pro/Maxの場合、6.1インチの画面サイズに対して2556×1179pxの解像度があるため、1インチあたりに460pxの画素が詰まっている（460ppi）という、高解像度のディスプレイです（これを、AppleはSuper Retina XDRディスプレイと呼んでいます）。

もし、この解像度をそのまま使って文字などを表現すると、小さすぎて読めなくなってしまいます。そこで近年のディスプレイでは画面を拡大（スケーリング）して表示しています。

例えば、iPhone 15 Pro/Maxなどでは3倍にスケーリングされています。そのため、画像編集ソフトなどで画像を作成するときは、3倍の大きさで書き出さなければ実際にiPhone等で表示したときにものすごく小さくなってしまうか、または引き延ばされたように表示されてしまって、画質が落ちてしまいます。

図 2-17-6：**画像は3倍の大きさで書き出す**

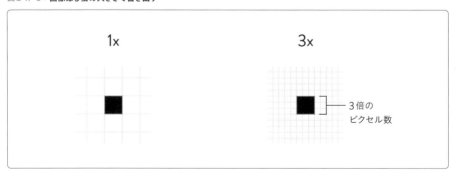

近年の画像編集ソフトには、画像を書き出す際に倍率を設定して、複数の画像が書き出せるようになっています。

図2-17-7：Figmaのエクスポート画面

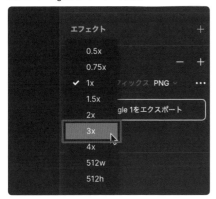

相対長 (%、emなど)

> 📇 別の要素を基準とした割合で指定できる単位。例えば、%は同じ50%と指定しても基準となる大きさによって実際の大きさが異なります。このような単位を相対長の単位といいます。

次の例を見てみましょう。ここでは、percent.htmlという新しいファイルを作成しました。

chapter02/percent.html

```
...
<style>
html {
  font-size: 16px;
}
h1 {
  font-size: 32px;
}
</style>
</head>

<body>
  <h1>学習ノート</h1>
  <p>私の学習ノートを紹介します。</p>
</body>
```

ページ全体（html）の文字の大きさを16pxに、見出し1（h1）の大きさをその倍となる32pxに設定しました。

図 2-17-8：ページ全体とh1の文字サイズを指定

学習ノート

私の学習ノートを紹介します。

　さて、ここで全体の文字の大きさをもう少し大きくしたとします。

chapter02/percent.html

```
html {
    font-size: 32px;
}
```

　しかし、見出し1の大きさは変化しないため、見出し1が目立たなくなってしまいました。このように、pxという単位は他の大きさには影響されない単位のため絶対長（絶対的な単位）などといいます。

図 2-17-9：h1の文字が目立たなくなってしまった

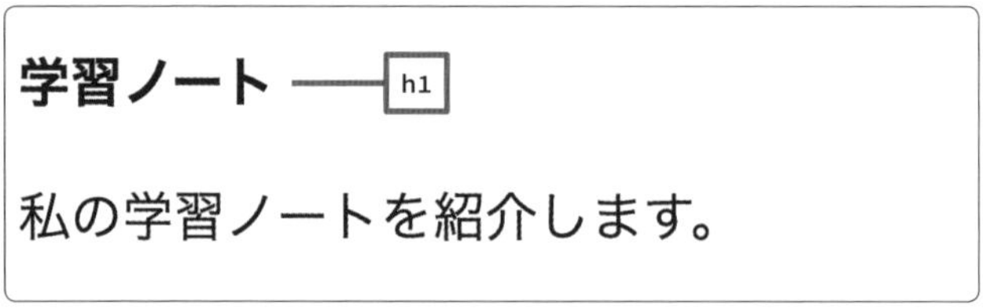

学習ノート ──h1

私の学習ノートを紹介します。

　もしこの時、「見出し1は全体の文字の大きさの1.5倍にしたい」という場合は、次のような指定ができます。

chapter02/percent.html

```
html {
    font-size: 32px;
}
```

```
h1 {
  font-size: 1.5em;
}
```

　見出し1を**1.5em**というサイズにしています。これで、ベースとなる文字の大きさ（ここでは、htmlタグの文字の大きさ）の1.5倍の大きさに設定されます。このため、全体の文字サイズを変更すると、それに伴って見出しの大きさも変化します。

図 2-17-10：h1の文字も大きくなった

学習ノート

私の学習ノートを紹介します。

　「em（エム）」という単位は、「ベースの文字サイズを基準とした割合」という意味の単位で、**1.5em**とした場合はベースの文字サイズの1.5倍になります（具体的には、大文字の「M」という文字の大きさが基準になります）。このように、ベースのサイズを基準にした単位を相対長（相対的な単位）などといいます。

　相対的な単位で分かりやすいのは「％」でしょう。％は実生活でもよく使われますが、Webでも利用できる単位です。例えば、次のように指定しても同じくらいの大きさになります。

図 2-17-11：emはベースの文字を
基準にした相対的な単位

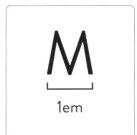

chapter02/percent.html

```
h1 {
  font-size: 150%;
}
```

　ただし、文字の大きさの指定では**em**を使う方が一般的です。

文字サイズを基準とした相対長

「em」の他、文字の大きさを基準とした単位がいくつかあります。

単位	説明
em	大文字の「M」の大きさを基準とした単位
ex	小文字の「x」の高さを基準とした単位
ch	数字の「0」の幅を基準とした単位
lh	1行の高さを基準とした単位

厳密なサイズ指定をする場合に使うことができますが、実際には「em」以外が使われる機会はあまり多くありません。

ルートを基準とした単位

例えば、次のHTMLとCSSを見てみましょう。なお、ここで出てくる、**<header>**というタグは、Chapter2・15で登場した**<div>**や**<section>**と同じく、区分け用のタグです。

HTML

```
<header>
  <h1>学習ノート</h1>
  <p>私の学習ノートを紹介します。</p>
</header>
```

CSS

```
html {
  font-size: 16px;
}
header {
```

```
    font-size: 1.5em;
  }
  h1 {
    font-size: 2em;
  }
```

この時、見出し（h1）は図のような大きさになります。CSSでは「2em」としているので、16pxの2倍の大きさのように思えますが、実際にはもっと大きくなっています。

図2-17-12：**見出しは本文の2倍以上の大きさになる**

学習ノート

私の学習ノートを紹介します。

なぜなら、まず「header」の要素で1.5emが指定されているため、16pxの1.5倍で約24pxになっています。「h1」の要素は、この「headerの大きさからの相対的な大きさ」になるため、24pxの2倍で約42pxになっているのです。

図2-17-13：**サイズの計算**

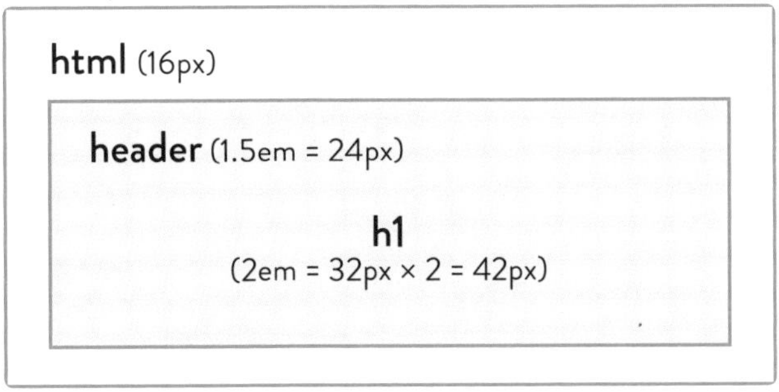

html (16px)

header (1.5em = 24px)

h1
(2em = 32px × 2 = 42px)

このように、相対的な単位は要素が重なると、繰り返し計算されてしまって非常に計算が複雑になります。また、各要素の大きさの変更が影響し合ってしまい、かなり調整しにくくなってしまいます。

そこで、このような時には「rem」という単位が利用されます。これは、「Root em」の略称でRootとは「根」という意味の英単語。要素が重なっていても、常に「根」となるルート要素が基準となります。HTMLでは<html>要素のCSSがルートになります。

CSSを次のように変更してみましょう。

```
html {
    font-size: 16px;
}
header {
    font-size: 1.5em;
}
h1 {
    font-size: 2rem;
}
```

h1の大きさの指定を「rem」という単位に変更しました。すると、見出しは図のように少し小さくなります。これは、16pxの2倍の約32pxになったからです。

図2-17-14：見出しは本文の2倍になる

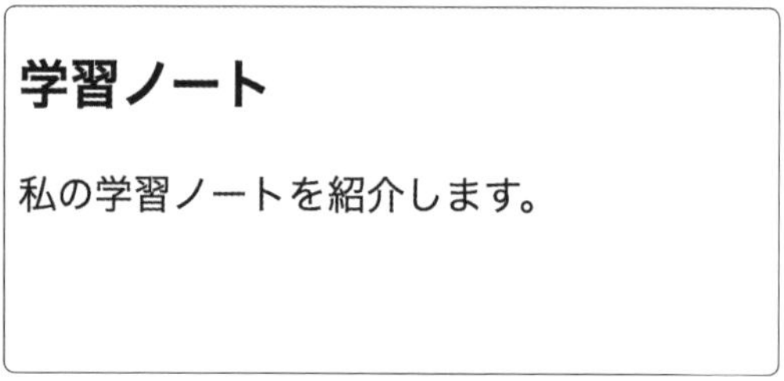

学習ノート

私の学習ノートを紹介します。

2・18

ビューポート

📖 用語解説

Webブラウザに表示されている範囲のことで、元は「宇宙船などののぞき窓」の意味。例えば非常に大きなWebサイトを表示したい場合、一度に表示できるのは全体の一部のみとなる。この時、表示されている範囲が「ビューポート」となる。

現在のWebサイトは、スマホで見た場合はスマホ用のWebサイトが、タブレットやPCで見た場合は広い画面のWebサイトが表示されるなど、表示される環境に合わせて画面幅が調整されることが多いです（このような作り方をレスポンシブWebデザインと言います。Chapter2・19参照）。

しかし昔のWebサイトなどで、図2-18-1のように広い画面用のWebサイトがそのまま縮小されて表示されるケースがあります。これは、「ビューポート」が広く設定されて、本来のデバイスの画面幅よりも、広い画面を表示できるように設定されているためです。

図2-18-1：Webサイトが広い画面用の表示のまま縮小されてしまった例

ビューポートを設定しよう

では、試しにビューポートを広く設定してみましょう。index.htmlの **\<head\>** タグの中に次のように記述します。

chapter02/index.html

```
...
<meta name="viewport" content="width: 1024px">
</head>
```

　これで、スマホでWebページを表示してみます。実際のスマホで表示するには「Webサーバー（特典のChapter4・6参照）」が必要になるため、ここではPC上でGoogle Chromeを利用して表示をシミュレーションしてみましょう。

　Google Chromeで画面を表示したら、右上の設定ボタンをクリックして「その他のツール→デベロッパーツール」からデベロッパーツールを起動します。そして図2-18-3の「デバイスツールバー」をクリックします。

図2-18-2：**デベロッパーツールを起動**

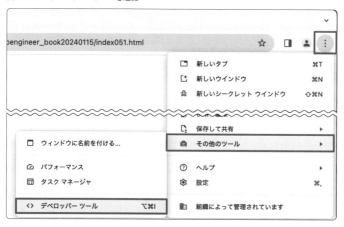

図2-18-3：**「デバイスツールバー」をクリック**

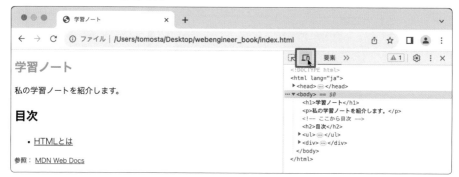

図2-18-4：**画面左側がデバイスごとのシミュレーション画面になる**

そして、図2-18-5のドロップダウンで「iPhone」などを選択してみましょう。表示をある程度シミュレーションできます（正確なものではなく、見た目をシミュレーションしているだけです）。すると、文字が非常に小さくなってしまったことが分かります。

図2-18-5：**ドロップダウンで「iPhone 12 Pro」を選ぶ**

図2-18-6：**「iPhone 12 Pro」を選んだ結果**

これは、本来スマホは画面幅が300px〜500pxくらいまでなのを、先の`<meta>`要素で1024pxの画面幅として表示するように設定したため、1/2〜1/3くらいに画面が縮小されてしまったというわけです。

スマホが登場した当時は、このようなWebページの作り方が一般的でした。しかしその後、「レスポンシブWebデザイン」という制作手法が一般的になり、現在のようにスマホ向けのWebサイトが作られるようになりました。

一般的なビューポートを設定しよう

現在、一般的に使われているビューポートの設定をするには、次のような`<meta>`タグを指定します。

```
<meta name="viewport" content="width=device-width, ➡
initial-scale=1.0">
```

これは、幅（`width`）を表示するデバイスの幅に合わせたものに（`device-width`）、拡大率（`initial-scale`）を等倍（1.0）とするという設定です。

これに置き換えて、画面を再読み込みすると、図2-18-7のように読みやすい文字の大きさに調整されました。

特別な事情がなければ、この設定を使うと良いでしょう。

図2-18-7：**画面サイズが調整された**

ビューポート関連のCSSの単位

例えば、次のHTMLを見てみましょう。新しく「viewport.html」を作成しました。

chapter02/viewport.html

```
...
<style>
body {
    /* 余白の調整 */
    margin: 0;
    padding: 0;
}
.cover {
    width: 100vw;
    height: 100vh;

    /* 背景色の調整 */
    background-color: #ccc;

    /* 余白の調整 */
    padding: 30px;
}
</style>
</head>

<body>
  <div class="cover">
    <p>Loading...</p>
  </div>
</body>
...
```

すると、図2-18-8のように画面全体にこの`<div>`要素が広がります。前節の手順で、Google Chromeのデベロッパーツールで確認してみましょう。

Chapter 2　フロントエンドエンジニア初級編

図 2-18-8：デベロッパーツールで確認したところ

Loading...

　ここでは、表示を調整するための CSS がいくつか追加されていますが、大事なのは次の2行です。

```
.cover {
    width: 100vw;
    height: 100vh;
}
```

　ここで利用している、vw、vh という単位は、それぞれ「Viewport Width / Viewport Height」の頭文字を取った単位で、ビューポートの幅や高さの割合を表します。1vw　/　1vh がビューポートの幅、高さの1%になります。つまり、先の例では幅と高さをビューポートに対して100%にするという指定になるため、画面全体に要素が広がったという訳です。

　ビューポートに関連した単位には、この他にもいろいろなものがあります。

動的に参照する値が変化する、vmin/vmax

　スマホは、設定によって横に傾けると、画面の幅を広げて動画などを見やすい画面幅にすることができます。この時、Web ブラウザもそれに合わせて横長の画面となり、先の vw と vh は参照する値が、vw の方が長く、vh が短い値になります。

　しかしそうではなく、スマホの向きがどちらであっても長い方・短い方の長さを参照

したい場合は、「vmin / vmax」という単位を使うことができます。それぞれ、短辺と長辺を常に参照します。こちらも**1vmin/1vmax**が参照先に対して1%になります。

```
.cover {
  width: 50vmax;
  height: 50vmin;
}
```

l、s、dの接頭辞

ここまで紹介した「vw / vh / vmin / vmax」には、それぞれ**l**、**s**、**d**の接頭辞をつけて、次のような単位にすることができます。

- vw: lvw, svw, dvw
- vh: lvh/svh/dvh
- vmin: lvmin/svmin/dvmin
- vmax: lvmax/svmax/dvmax

これはそれぞれ「Large（大きい）」「Small（小さい）」「Dynamic（動的）」の頭文字。

スマホのWebブラウザでは、状況によってアドレスバーなどが表示されたり、隠れたりなどでWebサイトを表示可能な範囲が変化することがあります。

この時、表示可能範囲が最も広いものがLarge、最も狭いものがSmall、そしてアドレスバーなどの表示状態に合わせて、変化するのがDynamicです。

例えば、次の例を見てみましょう。

```
.cover {
  width: 100lvw;
  height: 100lvh;
}
```

この場合、幅や高さは表示可能な最大の幅・高さが参照されます。そのため、アドレスバーなどが表示されて表示範囲が狭くなると、画面からはみ出てしまってスクロールバーが表示されるようになります。

　逆に、svw ／ svhを利用するとアドレスバーが隠れたときに、画面の下部に余白が生まれてしまいます。

　そこで、dvw ／ dvhを単位として利用すれば、表示状況に合わせて幅や高さが調整されるようになります。

　このように、ビューポートに関連した単位には、さまざまなものがあります。利用状況に合わせて使い分けていきましょう。

2 • 19

レスポンシブ Web デザイン (RWD)・
メディアクエリー

用語解説

画面の大きさが変化したときに、CSSを利用してレイアウトを
柔軟に変更するテクニック。CSSの「メディアクエリー」を利用
して実現され、スマートフォンやタブレット、PC等にそれぞれ対
応したレイアウトを実現する。

次のような HTML を作成してみましょう。

chapter02/rwd.html

```html
<!DOCTYPE html>
<html>

<head>
  <meta charset="UTF-8">
  <title>RWD</title>
  <style>
    main {
      width: 1024px;
      display: flex;
      flex-wrap: wrap;
    }

    img {
      width: 300px;
    }
  </style>
</head>

<body>
```

```
  <main>
    <img src="img/1.jpg" alt="写真：花">
    <img src="img/2.jpg" alt="写真：お菓子">
    <img src="img/3.jpg" alt="写真：コーヒーとお菓子">
    <img src="img/4.jpg" alt="写真：コーヒーとケーキ">
    <img src="img/5.jpg" alt="写真：夜景">
    <img src="img/6.jpg" alt="写真：山">
  </main>
</body>

</html>
```

図のように、6枚の写真がページ内に表示されました。

図 2-19-1：Webブラウザで表示したところ

　6枚の画像を読み込んでレイアウトしています。ここで、Webブラウザの画面幅を縮めて
いってみましょう。すると、図2-19-2のように右側の方が隠れてしまいました。

図 2-19-2：**画面の右側が隠れてしまった**

これは、次の CSS が影響しているためです。

```
main {
    width: 1024px;
...
```

`<main>` 要素の横幅を `1024px` と指定しているため、それよりも画面幅が狭い場合は横にはみ出て表示されなくなってしまうのです。このままでは、スマートフォンなどで非常に閲覧しにくいページになってしまいます。

そこで、「メディアクエリー」という記述を使います。

メディアクエリー

　CSS の機能の 1 つでデバイスや表示状況に合わせて CSS を変化させられる機能。「@media」という記述を使います。

CSS に次のように追加してみましょう。

```
...
@media screen and (max-width: 1024px) {
  main {
    width: 768px;
  }
}
</style>
</head>
...
```

　これで再び画面に表示してみましょう。画面幅を狭くしていくと、3列だった表示が2列に変化します。

図 2-19-3：**画面の右側が隠れてしまった**

　ここで、次の行に注目しましょう

```
@media screen and (max-width: 1024px) {
```

　「**@media**」という記述に条件を加えると、その条件が満たされたときにだけ利用されるCSSを作ることができます。例えばここでは、「**screen**（印刷などではなく、画面表示の場合）」

で、かつ（and）、画面の横幅が1024pxまでの間（max-width: 1024px）だけ、利用される CSS をこの中に記述します。

　ここでは、main 要素の横幅を768px に設定しました。これにより、写真を表示できる範囲が狭くなるため、2列になるというわけです。さらに狭い場合のために、次のようなメディアクエリーも加えてみましょう。

```
@media screen and (max-width: 768px) {
    main {
        width: 100%;
    }

    img {
        width: 100%;
    }
}
```

　今度は、768pxよりも小さい画面幅の場合に、<main> 要素も画像も100%に設定しています。これにより、画面いっぱいの1列の写真が表示されます。

図 2-19-4：**画面の右側が隠れてしまった**

　このように、レイアウト自体を変えてしまうこともできます。

このように、画面幅や表示デバイスによってWebページの見た目を変えてしまうデザイン手法を「レスポンシブWebデザイン」（Responsive Web Design：RWD）と呼びます。

レスポンシブWebデザイン (RWD)

Webページの制作手法の1つで、画面やウィンドウの大きさに従って、レイアウトを柔軟に変化させる方法。Responsiveとは「反応する」といった意味。

近年のWebサイト制作では、RWDで制作するのが当たり前となっていて、どんな画面幅でも横スクロールが必要となるようなページにはしないことが多いです。そのため、デザインや設計にも柔軟性が求められ、Webデザイナーにとっては手間のかかるデザイン手法となっています。

こぼれ話　**レスポンシブルWebデザインではないので注意**

RWDのことを、まれに「レスポンシブ**ル**」と間違えて呼ぶ方がいます。Responsive（レスポンシブ）は、先の通り「反応する」と言った意味の英単語で、Responsible（レスポンシブル）は、「責任者」といった意味の全く違う言葉です。

このような、発音がややこしい言葉は英和辞典を一度調べて、どのような意味の単語か、どのような活用がされた言葉なのかを調べてみると良いでしょう。

ブレイクポイント

RWDにおいて、レイアウトが変化するタイミングのこと。例えば先の例の場合、レイアウトが変化するのは画面幅が1024pxのところと、768pxのところになるため、この2カ所をブレイクポイントと呼び、ブレイクポイントは2個あると数えます。

RWDで画面のレイアウトが、ちょうど変化する横幅のことを「ブレイクポイント」と呼びます。ブレイクポイントの数を増やすと、スマホやタブレット、PCの他、スマホを横に傾けた場合や、タブレットの縦・横、スモールスクリーンのPCと、大画面のPC等、さまざまな画面サイズに応じてレイアウトを変化させることができます。

とはいえ、増やせば増やすほど、制作と表示確認の手間が増えてしまうため、多くても3〜4カ所に設定することが多いでしょう。

リキッドレイアウト、リキッドデザイン

> RWDの中でも、ブレイクポイントを作らずに、すべての解像度でなめらかに変化するレイアウトのこと。例えば、先の例で画像の幅を100%にして、画面の横幅に応じて画像の大きさが柔軟に変化するようなレイアウトをこう呼びます（Liquidは液体といった意味）。

　RWDの中でも特に難易度が高いのが、ブレイクポイントを設けずになめらかにレイアウトが変化する「リキッドレイアウト」と呼ばれるものです。

　余計な余白が生まれず、画面幅に応じて柔軟に変化するレイアウトなため、画面の見た目が非常に良くなりますが、各要素の幅を柔軟に調整しなければならないため、デザインの難易度はさらに上がってしまいます。

　完全リキッドデザインというのは、かなり難しいため、通常はスマートフォンからタブレット（の縦）幅まではリキッドデザイン、それ以上の横幅の場合は固定サイズで右端か両端に余白をつけるといった作り方が一般的です。

こぼれ話 ☕ スマホデザインのみという選択肢

- -

　近年スマートフォンを利用するユーザーが、特に若い世代では増えていて、PCでWebサイトを見たことがないという方もいます。

　Webサイトもターゲットとする年齢層によっては、PCではほとんど見られていないということあり、近年ではスマホサイズまでしか準備せず、背景に写真やパターンなどを敷いて余白としてしまうというレイアウトも増えてきています。

図2-19-5：**スマホサイズを基準に用意された画面**

　制作の手間が減る上、ユーザーによっては「利用するデバイスによってレイアウトが変わらないので使いやすい」という意見もあり、ターゲットとするユーザーの層などに合わせて検討すると良いでしょう。

コラム

論理的プロパティ

　論理的プロパティは「文章の始まりの位置」とか「文章の流れ」に応じて実際の場所が変化するプロパティです。

　例えば、図2-19-6のように文章の始まりに装飾の線を入れたいとしましょう。この場合、文章に左側に線が引かれているので「`border-left`」プロパティを利用することができます。

図2-19-6：**スマホサイズを基準に用意された画面**

> # Title

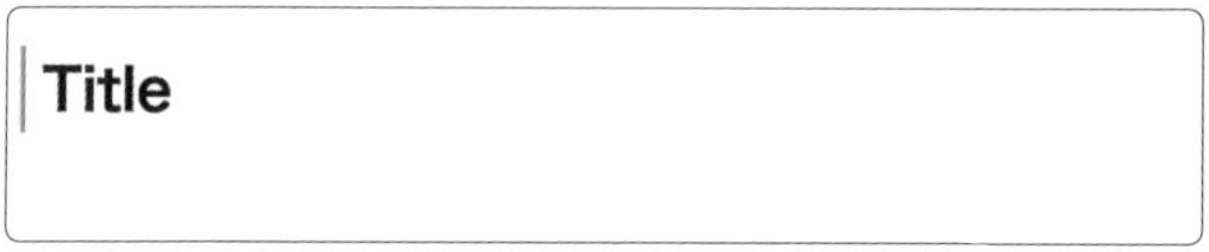

```
...
<style>
  h1 {
    border-left: 3px solid #ff6969;

    /* 余白を調整 */
    padding: 10px;
  }
</style>
</head>
<body>
  <h1>Title</h1>
</body>
</html>
```

これで画面を表示すると、「Title」という文字の左側にピンク色の実線が引かれました（図2-19-6）。CSSを見ておきましょう。レイアウト調整用のCSSは省きます。

```
h1 {
  border-left: 3px solid #ff6969;
}
```

ここでは、h1という要素型セレクターで<h1>要素に対して、border-leftという「左側に線を引く」ためのプロパティを利用しました。このプロパティには、次のような値を半角空白で区切って指定できます。

```
border-left: 太さ 線の種類 線の色 ;
```

ここでは、3pxの実線（solid）でピンク色を指定しています。

さて、ではこのWebサイトが多言語対応されることになり、アラビア語に翻訳されることになったとしましょう。ここでは、Google翻訳を使って「Title」を翻訳してみました。

図2-19-7：「Title」をアラビア語に翻訳

アラビア語は、日本語や英語と違って文章が右から始まります。これをHTMLに貼り付けただけでは、左から始まってしまってこれは正しくありません。

そこで、CSSの「`direction`」プロパティを「`rtl`（Right to Leftの頭文字）」に設定します。これで、右から始まる言語に対応することができます。

```
<style>
html {
  direction: rtl;
}
h1 {
  border-left: 3px solid #ff6969;
}
```

しかし、これではおかしなことが起こります。装飾の線は左に引かれたまま、タイトルが右寄せになってしまいました。

図2-19-8：線が左に残ったままタイトルだけ右寄せになった

そのため、これらの装飾もすべて`left`と`right`を逆にしなければなりません。

論理的プロパティを使おう

このようなケースに対応したCSSプロパティが「論理的プロパティ」です。従来の「**left**」や「**right**」の代わりに、「**start**」と「**end**」というプロパティを利用することができます。例えば、次のように書き換えてみましょう。

```
h1 {
  border-inline-start: 3px solid #ff6969;

  /* 余白を調整 */
  padding: 10px;
}
```

すると、右側に線が移動します（図2-19-9）。

図2-19-9：**線も右側に移動した**

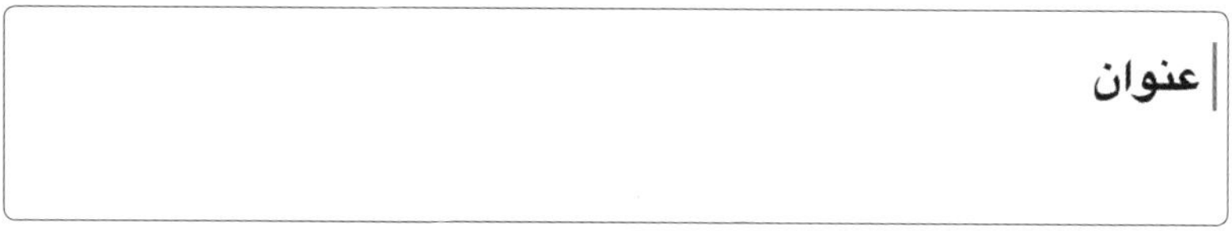

ここでは、余白を調整するための「**padding**」プロパティも戻しています。そしたら、「**direction**」プロパティを「**ltr**（Left to Right）」に戻してみましょう。

```
html {
  direction: ltr;
}
```

ちゃんと、線も左に移動します。

図2-19-10：**線も左側に移動した**

このように、言語の方向に応じて左と右が入れ替わるのが**start/end**です。**border**の他にも、余白を調整する**margin**、**padding**などでも利用できます。

例)

```
margin-inline-start
padding-inline-start
```

■ インライン、ブロック

論理的プロパティの中で、インラインとは「文の流れ」を指します。横書きの文章の場合は「横」がインラインです。ただし、日本語などのアジア圏の文字は縦書きにできます。縦書きにした場合、文章は縦に流れるようになるのでインラインは「縦」に変わります。

そして、ブロックは「行の流れ」を表します。横書きの場合はブロックは縦方向、縦書きの場合はブロックは横方向を表すことになります。

このように、インラインとブロックは、その文章が横書きか縦書きかで縦と横が変化するプロパティの値になります。次の例で確認してみましょう。

chapter02/vertical.html

```
...
<style>
  .copy {
    writing-mode: vertical-rl;
  }
</style>

<body>
  <div class="copy">
    <p>いろはにほへと</p>
  </div>
</body>
</html>
```

これにより、図のように縦書きで表示されます。

図 2-19-11：縦書きで表示された

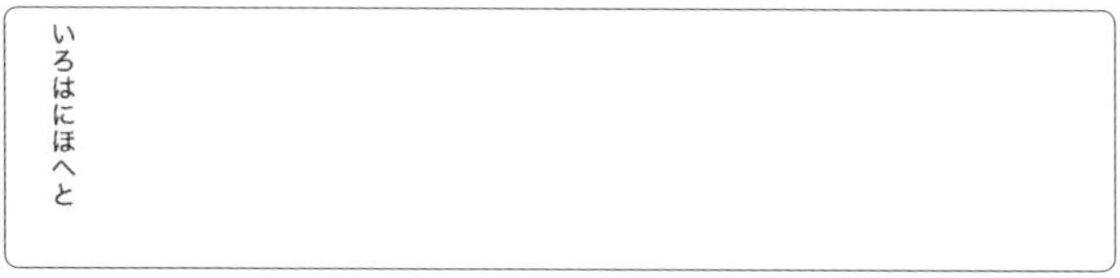

「`writing-mode`」プロパティは、横書きにするか縦書きにするかを表すプロパティで、値には次のものを指定できます。

値	説明
`horizontal-tb`	横書きで、改行をすると上（`top`）から下（`bottom`）に流れる（標準）
`vertical-lr`	縦書きで改行すると左（`left`）から右（`right`）に流れる
`vertical-rl`	縦書きで改行すると右から左に流れる

今回は、「`.copy`」というクラス名の要素を、縦書きで改行時は右から左に流れるようにしました。

ではここに、先と同様に先頭に線を引いてみましょう。次のように書き加えます。

```
<style>
  .copy {
    writing-mode: vertical-rl;
    border-inline-start: 3px solid #ff6969;

    /* 余白を調整 */
    padding-inline-start: 10px;
  }
</style>
```

すると、線は図のように上に表示されました。

図2-19-12：**線は上部に表示された**

```
いろはにほへと
```

横書きにしてみましょう。

```
<style>
  .copy {
    writing-mode: horizontal-tb;
...
```

すると、左側に表示されます。

図2-19-13：**線は上部に表示された**

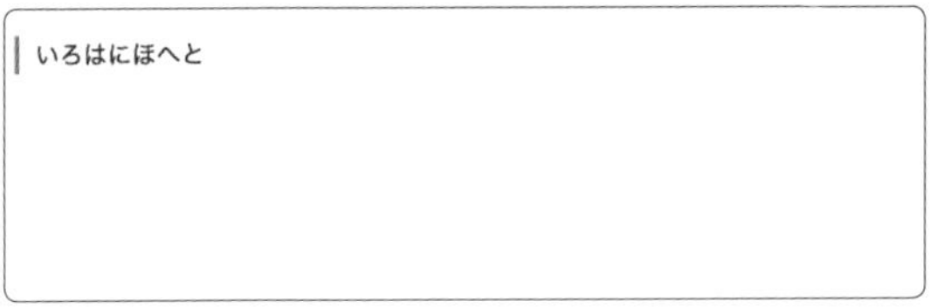

```
│ いろはにほへと
```

「`border-inline-start`」というプロパティは「インラインのスタート位置」に
線を引くため、「横書きの左始まり」の設定の場合は左側、「縦書きの上始まり」の
設定の場合は上に線が引かれます。

「`border-block-end`」の場合は、「ブロックのエンド位置」に線を引きます。つ
まり、縦書きの場合は最後の行の後（`rl`の場合左端、`lr`の場合は右端）に濃いピンクの
線が、縦書きの場合は一番下に線が引かれます。

```
.copy {
  writing-mode: vertical-rl;

  border-inline-start: 3px solid #ff6969;
  border-block-end: 3px solid #bb2525;
}
```

図 2-19-14：線は上部に表示された

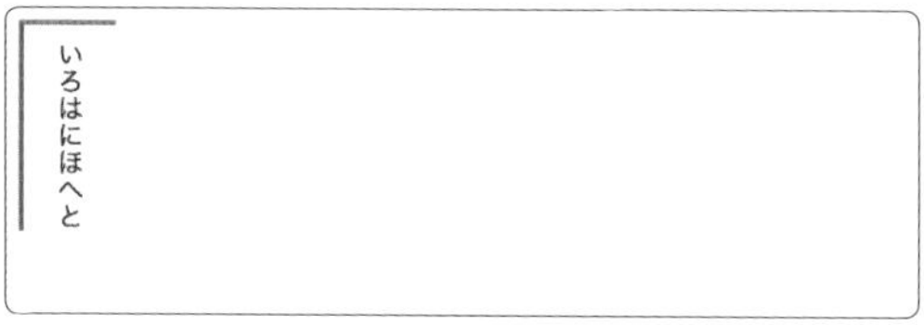

■ この他の論理的プロパティ

論理的プロパティには、本文で紹介したものの他にも次のようなものがあります。

論理的プロパティ	説明
`block-size / inline-size / max-inline-size / min-block-size / min-inline-size`	ブロックやインラインのサイズを指定します
`margin-block / margin-inline / padding-block / padding-inline`	余白を調整します。block、startと組み合わせることができます
`margin-block / margin-block-start / margin-block-end / margin-inline / margin-inline-start / margin-inline-end/`	margin-block、margin-inlineを block、startと組み合わせたプロパティの例
`inset-block / inset-inline`	top / right / bottom / leftを一括して指定できるショートハンドプロパティ

論理的単位	説明
`100vb / 100vi`	CSSで指定できる単位。bはブロック、iはインラインに対する割合を表し、1vb / 1viは1%になります

2・20

CSS 設計、OOCSS、BEM、FLOCCS、PRECSS

用語解説

「CSS 設計」とは、HTMLの構造や、CSS のクラスの名前や範囲などにルールを設け、チームメンバーが開発をしやすくしたり、保守などをしやすくするための設計手法。

BEM や OOCSS など、さまざまな種類があり、また日本人によっても FLOCCS や PRECSS などの設計手法が提唱されている。

Webサイトは、一度完成した後も、運用を続ける中でどんどんと拡張や変更されることが多いメディアです。そのため、CSSをその場しのぎで作成してしまうと、後で困ったことが起こることがあります。

例えば、次のようなボタンをCSSで作成する例を考えましょう。

図2-20-1：ここで作るボタン

```
お問い合わせ
```

そこで、こんなCSSを作成しました。

chapter02/css-architecture.html

```
<!DOCTYPE html>
<html lang="ja">
<head>
```

```
...
<style>
.button {
    border: none; /* 枠線をなしに */
    background-color: #333; /* 背景を灰色に */
    color: #fff; /* 文字を白に */
    padding: 10px 30px; /* 縦 10px / 横 30pxの余白をとる */
    cursor: pointer; /* マウスカーソルをポインターに */
}
</style>

<body>
  <div>
    <button class="button">お問い合わせ</button>
  </div>
</body>
</html>
```

しかし、後から「目立たせたいボタンを作りたいから、赤いボタンを作ろう」などとして、さらに次のようなCSSを追加したとしましょう。

```
.red-button {
    border: none;
    background-color: #b00; /* ここだけ違う */
    color: #fff;
    padding: 10px 30px;
    cursor: pointer;
}
```

　このように、背景色だけ違う別のクラスを作りました。しかしこれは後から困ったことが起こります。
　例えば、ボタンの大きさが小さいので大きくしたいと思った場合、それぞれのクラスで大きさが定義されてしまっているため、両方を変更しないと、大きさがちぐはぐになってしまいます。
　また、例えば「.red-button」というクラスがどこで、どんな風に使われているのか分かりにくく、変更するとどこに影響が出るのかが分からなかったり、赤から色を変えたい場合もクラス名に「red」と入ってしまっているために、変更しにくいなど、全体的に非常に

変更しにくいCSSになってしまっています。

　このようなCSSの保守のしにくさを解消するために提唱されたのが、「CSS設計」という考え方で、最初によく知られる設計手法となったものに、「OOCSS」という考え方があります。

OOCSS (Object Oriented CSS)

　Chapter3で紹介する「プログラミング言語」の世界では、古くから「オブジェクト指向（Chapter3・7参照）」という考え方があり、大規模なソフトウェア開発などでソースコードの保守をしやすくする手法として採用されています。

　そのオブジェクト指向（Object Oriented）という考え方を、CSSにも取り入れたのが「OOCSS」という考え方です。

　OOCSSでは例えば、先のボタンの例ではボタンの「構造（ストラクチャー）」と、「装飾（スキン）」を分離することで、管理しやすくするという考え方があり、これに従えば次のようなCSSになります。

```
/* ボタンのストラクチャー　*/
.button {
  padding: 10px 30px; /* 縦 10px / 横 30pxの余白をとる */
  cursor: pointer; /* マウスカーソルをポインターに */
}

/* ボタンのスキン */
.button.default {
    border: none; /* 枠線をなしに */
    background-color: #333; /* 背景を灰色に */
    color: #fff; /* 文字色を白に */
}

.button.primary {
  border: none; /* 枠線をなしに */
  background-color: #b00; /* 背景を赤に　*/
  color: #fff; /* 文字色を白に */
}
```

大きさなどを示す構造部分は「`.button`」というクラスにまとめ、文字色や背景色といった装飾に関する部分は「`.default`」や「`.primary`」といったクラスにまとめています。また、名前についても「`red`」といった色などを直接表すものではなく、「primary（重要な）」という、ボタンの「機能」を名前にすることで、後から色を変えたり使うときに迷わないようになっています。

なお、HTMLでは次のようにクラスを複数指定する必要があります。

```
<button class="button default">お問い合わせ</button>
<button class="button primary">お申し込み</button>
```

こうすることで、例えば大きくしたい場合は構造に関するクラスを変更すれば良く、色のバリエーションを増やしたい場合は、装飾用のクラスを増やせば良いなど、変更のしやすいCSSになります。これが、「ストラクチャーとスキンの分離」という考え方です。

SMACSS、BEM、FLOCCS、PRECSS

この、OOCSSという考え方をさらに発展させ、より具体的な設計手法まで提唱しているのがBEMを初めとした各種設計手法です。

BEMは「Block-Element-Modifier」の略称で、HTMLの各要素を「ブロック」「エレメント」「モディファイア」に分けて設計するという手法です。

ここから少し難しい内容となるため、ざっと流れを確認するだけで良いでしょう。

例えば、図2-20-2、図2-20-3のような例で考えてみましょう。検索ボタンと申し込みボタンがあります。これはそれぞれ同じ「ボタン」という要素ですが、使われる場所によって見た目も役割もまったく異なります。

図2-20-2：**検索ボタン**

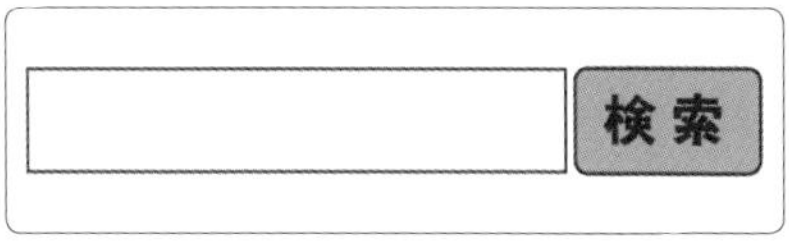

図2-20-3：**お問い合わせボタン**

このような役割の違う要素を、適当なクラス名で分けようとすると後で混乱してしまうかも知れません。そこで、BEMではこれを「ブロック」という単位で区分けします。ここでは、検索用のブロック（`search`）と、問い合わせ用のブロック（`contact`）に分けましょう。

例)

```
<div class="search">
</div>
<div class="contact">
</div>
```

さらに、それぞれのブロック内のボタンにクラス名を付加して「エレメント (要素)」として
定義します。

例)

```
<div class="search">
    <input type="text" class="search__input">
    <button class="search__button">検索</button>
</div>
<div class="contact">
    <button class="contact__button">お問い合わせ</button>
</div>
```

　この時、各エレメントはブロックの名前とエレメントの名前を組み合わせて付加します。
ここでは、アンダースコア (_) を2つつなげて記述しています。こうすることで、同じボタン
でもブロックに区分けされているので、非常に変更しやすくなります。
　さらに例えば、検索ボタンを一時的に無効な状態にしておきたいとしましょう。この場合、
「モディファイア (modifier:修飾する)」を利用します。次のようにします。

```
...
    <button class="search__button search__button_disabled">検索➡
</button>
    ...
```

　このように、無効であることを示すクラス名を付加することで、有効・無効を切り替える
ことができるようになります。
　このように、HTMLの要素やCSSの装飾を「ブロック、エレメント、モディファイア」と
いう3要素に分けて考えるという設計手法が、BEMの基本的な考え方です。

日本人エンジニアが考案したFLOCSS、PRECSS

　こうして、「CSS設計」という考え方が浸透してくると、BEMやOOCCSをベースに、さらに改良を加えたさまざまな設計手法が登場しました。

　日本人のデザイナー・フロントエンドエンジニアからも、設計手法が提唱されていて、次の2つなどが有名です。

■ FLOCCS

　谷 拓樹氏が開発したCSS設計手法。OOCSSやSMACSS、BEM、SuitCSSのコンセプトを取り入れた設計手法となっていて、実用性を考慮した扱いやすい設計になっています。

https://github.com/hiloki/flocss

■ PRECSS

　半田 惇志氏が開発したCSS設計手法。「OOCSSやSMACSS、BEMの素晴らしさを巧みに取り入れ、更に進化させた強力なモジュール設計。それがPRECSSです。」というコピーの通り、これまでの設計手法の良いところを取り入れながら、より扱いやすく改良した設計手法となっています。

https://precss.io/ja/

2・21

RGB、カラーコード

用語解説

光の三原色を利用した色の指定方法のこと。10進数（自然数）で指定する方法と、16進数を用いた方法があり、これを「カラーコード」などと呼ぶ。「赤」「緑」「青」の色の成分をそれぞれ、256階調で指定でき、全部で1677万色以上の色数を指定できる。

文字の色を変更しよう

例えば、次のCSSを見てみましょう。

chapter02/color.html

```
...
<style>
h1 {
  color: red;
}
</style>
</head>
<body>
  <h1>学習ノート</h1>
...
```

見出し1（h1）の文字色（color）を「red」と指定したため、見出し1の文字色が赤に変化します。

図 2-21-1：h1の文字色が変わった

学習ノート

　この「**red**」という指定は、CSSにあらかじめ定義されている「カラーネーム」と呼ばれるもので、140色分程度の色名が定義されています。

　しかし、これ以外の微妙な色合いを表現したい場合はどうしたら良いでしょう？　そんな時は、「光の三原色」の原理を使います。

RGB

　Red、Green、Blueの頭文字で、光の三原色を表します。光は、この3原色の混ぜ合わせでさまざまな色を表現でき、現在のWebでは1677万色の色を表現することができます。

図 2-21-2：RGBの3色を混ぜて色を表現する

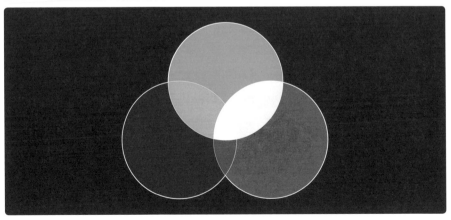

　例えば、赤と緑を同じ割合で混ぜ合わせれば黄色に、緑と青を混ぜ合わせれば水色になります。その他、各色の割合を微妙に調整すると、さまざまな色を表現できます。

　現在のコンピュータでは、それぞれの色を0〜255の256段階で調整するのが一般的

です。CSSでは、次のように「**rgb**」という記述で色を指定できます。

```
h1 {
  color: rgb(255, 0, 0);
}
```

　左から順番に赤、緑、青の割合を示し、この場合赤である最初の数字が、最大の255になっているため、文字の色は赤になります。その他、次のように数字を変えると、さまざまな色に変化します。

```
color: rgb(255, 255, 0); /* 黄色 */
color: rgb(125, 125, 125); /* 灰色 */
color: rgb(255, 255, 255); /* 白 */
```

　こうして各色256段階で指定すると、256×256×256=16777216となり、約1677万色を表現できます。この色数は、人の目が判別可能な色の種類に近いとされていて、この色数を「トゥルーカラー」などと呼んでいます。
　なお、各色はカンマで区切るほか、半角空白で区切ることもできます。

```
color: rgb(255 255 0);
```

　さて、この色の指定ですが、なぜ256段階などという中途半端な数字なのでしょう？それはコンピュータが「2進数」という数え方を採用しているためです。

2進数

　私たちは、普段の生活で「10進数」という数え方を採用しています。
　10進数は、0から9までの数字を使って表し、9の次は位が上がって「10 (じゅう)」となります。私たちが「きりが良い」と考える数字は「100」とか「10000」のような数字ですが、これは「桁がちょうど上がった数字」をそう感じるのです。
　しかし、コンピュータは情報を0と1の数字しか使わずに管理しています (コラム参照)。これを「2進数」と言います。2進数の場合、1の次は「10」となります。これを「イチゼロ」と読み、10進数では「2」を表します。

続けて、右の表のように数を変えることができます。

2進数	10進数
0	0
1	1
10	2
11	3
100	4
101	5
110	6
111	7
1000	8

こうして数えていくと、2進数で「1 0000 0000」が、10進数では先に出てきた「256」となります。つまり、2進数でちょうど桁が上がるところなので、「きりが良い」のです。

コンピュータでは色の表現を、右の表の範囲で指定できることになります。

2進数での色の指定	10進数での色の指定
0000 0000	0
0000 0001	255
…	…
1111 1110	254
1111 1111	255

コラム

なぜコンピュータは2進数？

コンピュータが2進数を採用しているのは、電気信号を利用して情報を計算・保存しているためです。電源スイッチを「ON」「OFF」するのを想像すると分かりやすいですが、コンピュータは電流を流す切り替えるスイッチを大量に持っていて、これを使ってさまざまな計算を行っています。そのため、数字もON（1）とOFF（0）を使って処理しているのです。

16進数のカラーコード

先の色の指定には、「16進数」というものを利用した色の指定もできます。例えば、「赤」を表したい場合は、次のように指定できます。

```
h1 {
  color: #ff0000;
}
```

6桁の文字で指定され、最初の2桁が「**ff**」となっているのが、「赤を255にする」という意味、次の2桁が緑、最後の2桁が青を「0にする」という指定です。これが「16進数」という数字を使った指定の方法です。

図2-21-3：6桁の文字で色を表現する

16進数

2進数は、コンピュータにとっては扱いやすいものの、人間には非常に分かりにくい数え方です。例えば「**1101010111**」という数字があったときに桁数が多すぎて、すぐには何という数字なのかが理解できません。

また、10進数の3は「**11**」で、10は「**1010**」、100は「**1100100**」など、桁数も数字の並びもまったく合わないのです。

このように、10進数と2進数は非常に相性が悪いため、人間にも理解しやすく、コンピュータも処理をしやすい数字として、「16進数」という数え方が利用されます。これは、0から9の「数字」に加えて、アルファベットのAやBを「数字」として利用します。

10進数の10が「**A**」、11が「**B**」と増えていき、15を「**F**」と表します。そして、16になると桁が上がって「**10**（いちぜろ）」となるという具合に、16ごとに桁が上がります。

16進数は、例えば「**10**（10進数の16）」が2進数の「**10000**」となり、100（10進数の

256）が「**100000000**」と、桁数こ
そ増えるものの「きりが良い」部分
が一致します。そのため、非常に数
えやすくなるのです。

16進数	10進数
0	0
…	…
9	9
A	10
B	11
C	12
D	13
E	14
F	15
10	16
11	17
…	…
FE	254
FF	255

16進数での色の指定

先の通り、コンピュータでの色の
指定には0から255までの256段
階で指定します。この「255」という
数字は、2進数で表すと「**1111
1111**」となり、16進数で表すと
「**FF**」となります。つまり、16進数で
は各色を「**00**から**FF**」の間で指定
するということで、2桁で表すことが
できます。

2進数での色の指定	16進数での色の指定
0000 0000	0
0000 0001	1
0000 0002	2
…	…
1111 1111	FF

CSSでの色の指定は、次のように「#」の記号に続けて2桁ずつ赤・緑・青をつない
で指定します。

```
color: #ff0000; /* 赤 */
```

なお、文字は大文字でも小文字でも区別されません。

```
color: #FF0000; /* 赤 */
```

これを使えば、同じく1677万以上の組み合わせを、6桁の16進数で表すことができます。CSSでの色の指定には現在、この16進数によるカラーコードが最も利用されています。

こぼれ話 ☕ 16進数は3桁でも指定できる

先の例のように、「**ff**」とか「**00**」など同じ2桁の数字の場合は、省略して1文字にする事ができます。そのため、赤を指定する場合は次のように指定できます。

```
color: #f00; /* 赤 */
color: #0f0; /* 緑 */
color: #00f; /* 青 */
```

便利ですが、ちょっとややこしいので慣れるまでは使う必要はないでしょう。

こぼれ話 ☕ Webセーフカラー

昔のPCなどでは、ディスプレイの性能が低くて表現できる色数が限られている場合もありました。そこで、Webサイトを作るときも、どんな環境でも表現ができる色数に抑えて作られていました。

この色の種類を「Webセーフカラー」と呼び、216色に限られていました。使いたい色が使えない中で、工夫してWebページを作っていたのです。

2 ・ 22

不透明度

用語解説

写真などを透過させて、背景を透かす度合いを示す割合。通常、0%が完全な透明で100%が完全な不透明となる。

似た言葉に「透明度」や「透過率」などの言葉もあるが、この場合は0%が不透明で100%が完全な透明と、不透明度とは逆の概念となる。

半透明なエリアを作成しよう

次のようなHTMLとCSSを作成してみましょう。

chapter02/alpha.html

```
...
<style>
body {
    background-color: #cfc;
}

.box {
  background-color: rgb(255,255,255);

  /* 幅と高さの指定 */
  width: 100px;
  height: 100px;
}
</style>
```

body全体の背景色（`background-color`）を緑（`#cfc`）にして、その中に、幅（`width`）と高さ（`height`）をそれぞれ100pxの大きさにした**div**要素を配置しています。この背景を白に（`rgb(255,255,255)`）にしたため、緑色の背景の上に白い正方形が表示されました。

図 2-22-1：**白い正方形を配置**

では、この**div**要素の背景を次のように変えてみましょう。

```
background-color: rgba(255,255,255,.5);
```

「**rgb**」を「**rgba**」に変え、4つめの数字として「**.5**」と指定しました。すると、正方形が薄い緑色に変化します。

図 2-22-2：**正方形が薄い緑色になる**

この4つめの数字に指定した「**.5**」というのは「0.5」の0が省略されたもので、「不透明度」を50％に設定しています。そのため、白に背景が透けて見えるようになり、混ざった色になっているというわけです。

\<body\>の色を次のように変えてみると、正方形の色も変化します。

```
body {
  background-color: #fcc;
}
```

すると、背景は赤に、正方形は薄い赤に変わります。

図2-22-3：背景と正方形の色が変わる

このように、背景の色と連動して変化する色に変わりました。

不透明度の設定

　ここで設定したのは「不透明度」という値で、英語の「Alpha Value（α値）」の頭文字で「rgb」の最後に「a」を加えます。これにより、値を4つ指定できるようになり、最後の4つめに0（0%）から1（100%）で小数の値を指定します。

　0で完全な透明、1で完全な不透明になります。ここでは、半分（0.5）を指定しました。なお、CSSで小数を扱う場合、最初の0は省略されて小数点からはじめることが多く、「.5」と指定します（0.5と指定しても正しく動作します）。

その他の指定方法

　不透明度は、小数のほか、0%から100%で指定することもできます。

```
background-color: rgba(0,0,0,50%);
```

　また、半角空白区切りで指定している場合は、スラッシュ記号（/）で区切って小数または%表記で指定します。

```
background-color: rgba(0 0 0 / .5);
background-color: rgba(0 0 0 / 50%);
```

　使いやすいやり方で指定しましょう。

16進数を使った不透明度の設定

　16進数のカラーコードを使って不透明度を指定することもできます。通常の6桁のカラーコードに`00`から`ff`の2桁の16進数を付け足して、次のようにします。

```
background-color: #0000007f;
```

　このような指定でも、同じく50％の不透明度が設定されます。16進数での指定の場合は`00`から`ff`（255）の間で指定しなければなりません。そのため、50％の場合は`127`を16進数にした「`7f`」と指定する必要があるなど、少し指定の方法にクセがあります。慣れない場合は、先の「`rgba`」を使った方がやりやすいでしょう。

opacity プロパティ

　不透明度の設定には、`rgba`などを使った方法の他に「`opacity`（不透明度）」プロパティを使った方法もあります。次のように変更してみましょう。

```
background-color: #fcc;
opacity: .5;
```

　これでも、同じく50％の不透明度になります。

こぼれ話　透明度、透過率、透過度などなど

　不透明度と似た言葉に、「透明度」とか「透過率」といった言葉もあります。「透明度」は主に、水やガラスなどで使うことが多く、透過率（透過度）はサングラスや日焼け止めなどで使われる機会が多いでしょうか？

　似た言葉ではありますが、例えば「透明度」と「不透明度」は意味的には逆になります。「100％の透明度」といえば完全な透明ですし、「100％の不透明度」といえば透明ではなくなります。

　この、不透明度と透明度という言葉を混同すると、設定するときにややこしくなるため注意しましょう。CSSで使われるのは「不透明度」であり、大きい数字ほど透明ではなくなります。

Chapter
3

フロントエンドエンジニア
中級編

この章では、主にJavaScriptについて学んでいき
ます。プログラミングの基礎や、実際にはどのよう
に使われているかについて、広く学びます。
後半では、仕事の現場でよく使われているライブ
ラリやフレームワークについても解説します。

3・1

プログラム、プログラミング

📖 用語解説

プログラム（Program）とは、「予定・計画」などを意味する英単語で、コンピュータではあらかじめ記述した「命令文」のことを指す。コンピュータは、このプログラムに従って自動的に動作することができ、また利用者の操作に応じて反応を変えたりすることで、コンピュータを高度に制御することができる。

そして、このプログラムを作る作業のことを「プログラミング（programming）」という。

近年のWeb制作には、前章までのHTML/CSSの知識だけにとどまらず、プログラミングの知識が必須といえます。特に、Webエンジニアには「JavaScript（ジャバスクリプト）」というプログラミング言語の知識が、フロントエンド・サーバーサイド問わずに必須といえる最重要な技術なので、本章ではこのJavaScriptを中心に、プログラム、プログラミングの基礎について紹介しましょう。

プログラムを作ってみよう

まずは、実際にJavaScriptを使ったプログラムを作ってみましょう。

前章と同じくVSCodeを起動したら、新しいファイルを作成して、**\<body\>**タグの中に次のように入力します。

chapter03/sum.html

```
<body>
  <p>1 + 1 =
    <script>
      // 画面に1 + 1の結果を表示する
      document.write(1 + 1);
```

```
      </script>
    です
  </p>
</body>
```

そしたら、このファイルをWebブラウザにドラッグして表示します。すると、図のように表示されました。

図 3-1-1：計算結果が表示される

```
1 + 1 = 2 です
```

もしこのとき、うまく結果が表示されなかった場合は、Chapter3・8をご参照ください。
ここで、「1+1=」や「です」という言葉はHTMLの中に記載していますが、「2」という数字が表示されている部分のHTMLを見ると、次のようになっています。

```
<script>
  // 画面に1 + 1の結果を表示する
  document.write(1 + 1);
</script>
```

これが、JavaScriptというプログラミング言語を使って作ったプログラムです。ここでは、「1+1の計算結果を画面に表示して」という命令を記述しています。詳しいプログラムの内容は、この後解説します。これによって、コンピュータが実際に計算を行って、その結果を画面に表示してくれたというわけです。

1+1の計算くらいなら、手でやった方が早いと感じるかもしれませんが、例えば次のような複雑な計算も、素早く正確に行ってくれます。次のように変更してみましょう。

```
<script>
document.write(159384+125638+12376+1123);
</script>
```

「298521」という結果が瞬時に表示されました。確認したら元に戻しておきます。

JavaScriptのコメント文

先ほど作成したプログラムの、最初の行に記載されている次のものは、JavaScriptのコメント（HTMLやCSSのコメントについてはChapter2・16参照）です。

```
// 画面に1 + 1の結果を表示する
```

JavaScriptの場合、コメントは次のように行の最初にスラッシュ記号を2つ（//）加えます。

```
// コメント内容
```

また、CSSと同様に /* */ というコメントも利用できます。

```
/*
複数行のコメントを
記述できます
*/
```

プログラマー

プログラムを作る人のこと。教える（Teach）人のことを「Teacher（ティーチャー）」というのと同じように、プログラムを作成する人のことは「-er」をつけて、「Programmer（プログラマー）」といいます。

先の通り、「プログラム」を作る作業のことを「プログラミング」というので、これらをつなげると、「プログラマー」が、「プログラミング」という作業を行うことで「プログラム」が作成されるという訳です。

プログラマーはエンジニアの中の1つの職種として使われていて、Web業界では「Webプログラマー」などといった職種で呼ばれたりしています。

こぼれ話 ☕ プログラムとソフトウェアとアプリケーション

　私たちが普段利用しているWebブラウザやワープロのことを「ソフトウェア（Software）（以下、ソフト）」と呼びます。これは、コンピュータの本体を「ハードウェア（Hardware）」と呼ぶことから、ハード（固い）に対して、後から柔軟に入れ替えたりすることができるソフト（柔らかい）特徴を持っていることからこう呼ばれます。（ハードウェアについてはChapter1・1も参照）

　ソフトはプログラムで作られているため、ソフトとプログラムはほぼ同意語として使われます。開発者側から見るとプログラムで、利用者側から見るとソフトという具合です。

　また、ソフトにはジャンルがあり、「ゲームソフト」や「設計ソフト」などがありますが、ワープロや表計算などの実用的なソフトを総称して「アプリケーションソフト（Application Software）」と呼びました。Applicationとは「応用」などの意味のある英単語です。

　このアプリケーションソフトが省略されて「アプリ」となり、スマートフォンのソフトウェアはなぜかこの「アプリ」といういう言葉が定着しました。そのため「ゲームアプリ（応用的なゲーム?）」という、若干奇妙な言葉も生まれましたが、現在では一般的にスマホ向けのソフトは「アプリ」、PC向けのソフトは「ソフト」と呼ぶことが一般的です。ただし、最近ではmacOSのソフトウェアを配布するソフトも「App Store」となっていて、アプリとかアップという言葉が一般的になりつつあります。

3・2

算術演算子

前節で作成したプログラムを、改めて確認してみましょう。

chapter03/sum.html

```
document.write(1 + 1);
```

ここで、「1 + 1」という記述を使いました。これは、「1と1を加える」という意味。「+」という記号は加算の演算子です。算数の授業を聞いているように感じますが、では例えば次のプログラムはどんな結果になるでしょう?

```
document.write(50 / 5);
```

この場合、画面には「10」と表示されます。スラッシュ記号は「割り算」をするための記号です。日本では、算数で「÷」という記号を学びますが、この記号が割り算の記号として使われているのは日本など一部の国で、「/」や「:(コロン)」などがわり算の記号として使われる場合もあり、JavaScriptではスラッシュが使われます。

同様に、かけ算の記号も日本では「×」という記号が使われていますが、「*(アスタリスク)」や「・(ドット)」、「x(小文字のエックス)」などが使われているケースもあります。

そんなわけで、プログラミング言語で計算をするときは、記号が一部、日本の算数の記号とは異なるので注意が必要です。JavaScriptでは右のような記号が使われます。

算術演算子

計算	演算子
加算	+
減算	−
乗算	*
除算	/

そのほかの算術演算子

上記の四則演算の他に、JavaScriptでは次のような記号も利用できます。

計算	演算子	説明
べき乗	**	○乗を表します。「2 ** 3」は2の3乗で、8になります
剰余	%	割り算の余りを求める演算子です。「3 % 2」は3÷2のあまりで、1になります

こぼれ話 ☕ プログラムの語源

　プログラム（Program）とは、ラテン語で「Pro（あらかじめ）」「Gram（書いたもの）」といった語源からなる英単語で、あらかじめやるべきことを書いたものを準備しておいて、それに従って動作するしくみのことです。日本語としてもよく「卒業式のプログラム」とか「TVのプログラム」などと使われることがあります。

　あらかじめ決められた順序に従って、式や番組が進められていくというものです。

　コンピュータプログラムは、あらかじめ「ソースプログラム（ソース）」と呼ばれるものを記述しておくと、Webブラウザはその通りに動作して、希望した結果を出してくれるという訳です。

3・3

JavaScript、ECMAScript

用語解説

「JavaScript」はWebプログラミングにおいては最も重要な言語の1つで、現状Webブラウザ上で動作する唯一のプログラミング言語。Webブラウザの種類が違っても、基本的には同じJavaScriptのプログラムが動作する。

その秘密は「ECMAScript」という規格。これによって誰もがJavaScriptを動作させられるようになるため（標準化という）、ECMAScriptに沿って開発されているWebブラウザではJavaScriptが動作するようになっている。

前節で紹介したとおり、JavaScriptというプログラミング言語は、現在のWebエンジニアには必修科目といえるほど、重要なプログラミング言語です。

なぜなら、JavaScriptはWebブラウザ上で直接動作できる、プログラミング言語で唯一の存在だからです。

過去には、他にも動作するプログラミング言語があったのですが（P.204、P.205のこぼれ話参照）、現在では互換性などを考慮し、ほぼすべてのWebブラウザがJavaScriptを採用しています。

JavaScriptの誕生

前節で解説したとおり、もともと、JavaScriptというプログラミング言語は、「Netscape Navigator」というWebブラウザ向けに開発されたプログラミング言語でした（当時は、LiveScriptという名前でした）。

特定の開発メーカーが開発したプログラミング言語の場合、他のメーカーがこれを採用するには、権利の問題やその後の言語仕様の変更などへの対応などで、難しくなります。そ

こで、1997 年に Ecma インターナショナルという標準化団体によって「標準化」という作業が行われ、「ECMAScript」として標準化されました。

　標準化がされると、各ブラウザの開発メーカーはこの標準仕様にしたがって実装をしていけば良いため、特定の開発メーカーの動きに左右されずに開発することができるようになります。こうして現在のように、Web ブラウザ上で動作するプログラミング言語のスタンダードな存在になりました。

こぼれ話 ☕ 規格や標準化

　「規格」とか「標準化」という言葉はちょっと難しく感じますが、非常に身近な例として「紙の大きさ」があります。私たちは普段、コピー用紙などを買うときにそのメーカーは気にせず「A4」とか「B5」といった大きさの紙を購入します。

　すると、メーカーに限らずどんな紙でも、どんなプリンターにもセットできますし、ファイルや封筒などにもメーカー問わずに入ります。これは、「A4」とか「B5」といった紙のサイズが「規格」というもので定められていて、「標準化」されているためなのです。もし規格が存在しなかった場合、メーカーごとに紙の大きさがバラバラで、プリンターもファイルも同じメーカーで揃えなければならないといった面倒なことが起こります。

　JavaScript も規格化される前までは、あっちのブラウザでは動作するが、こっちのブラウザでは動作しないといったことが発生していて開発がしにくく、普及しなかったため、「ECMAScript」として標準化することになりました。

ES6、ECMAScript2015

> 🗒 ECMAScript の仕様で、6 回目に改訂されたもの (ES は ECMA Script の頭文字)。
> ECMAScript はこのバージョンで大きく仕様が変わり、またそれ以降は 1 年ごとに仕様を改訂することにしたため、ここから ECMAScript2015 → 2016 → 2017 と年号で呼ばれるようになりました。

　JavaScript の学習を始めると、「ES6」とか「ECMAScript2015」といった言葉を聞くことがあります。ECMAScript は、現状毎年新しい仕様が策定され、ECMAScript

2022、ECMAScript2023といった具合に更新されています。

またこれを略してECMAのEとScriptのSだけ残して、「ES2022」「ES2023」などと呼びます。

1年に1度改訂されるので、毎年の改訂内容はそれほど多くはないのですが、このような体制になったのが2015年に公開された「ECMAScript2015」という仕様から。

それまでは毎年改訂されていなかったため「ES1〜ES5」と数字が割り振られていたのですが、この「ES6」という数字を最後に、年号で呼ぶことに改められました。

つまり、ES6とECMAScript2015は同じものを指しています。JavaScriptは、このECMAScript2015（ES6）以前と以降で学習する内容もかなり異なってくるため、ES6が登場した頃の入門書籍などでは「ES6対応」といった文言がつけられるようになりました。

こぼれ話 ☕ **IEでのみ動作したVBScript、JScript**

- -

本文の通り、Netscape Navigator（NN）に「JavaScript」というプログラミング言語が搭載された時、ライバルであったInternet Explorer（IE）を開発していたMicrosoftは、同様にプログラムが動作するように拡張を加えます。

しかし、先の通り当時JavaScriptは標準化されておらず、Microsoftは独自のプログラミング言語である「VBScript」を開発し、IEに搭載しました。

このJavaScriptとVBScriptは互換性はまったくなく、NN用に開発したプログラムをIEでも動作させたい場合は、VBScriptに移植をして開発し直さなければならないという非常に効率の悪いものでした。

その後、Microsoftは独自のプログラミング言語の開発は諦め、JavaScriptと互換性のある「JScript」を搭載し、現在ではJavaScriptが動作するようになっています。

ECMAScript に 基 づ い た プ ロ グ ラ ミ ン グ 言 語 と し て、 も う1つ あ る の が Macromedia が開発した「Flash」という技術です（その後、Adobeに買収されました）。 Flashには、ECMAScriptベースの「ActionScript」というプログラミング言語が搭載されていました。

Flashの画期的な所は、Webブラウザに「Flash Player」という独自のプレイヤーソフトが提供されていた点。そのため、Flash PlayerさえあればWebブラウザの差異を意識することなく、ActionScriptを自由に活用できるようになったのです。

こうして、Flashは当時のWeb業界で大流行しました。

しかし、2007年にiPhoneが誕生してから風向きが変わってきます。Apple社の戦略によって、iPhoneの標準ブラウザ「Safari」には、Flash Playerが搭載できませんでした。

これにより、Flashで作られたWebサイトはiPhoneではかなり見にくくなってしまいました。時を同じくしてGoogleなどが、積極的にJavaScriptを活用し始めるようになり、急激にFlash離れが加速していきます。

2020年にFlash Playerは開発や配布を終了し、現在ではWebサイトでは利用できなくなっています（その後、FlashはAdobe Animateという名前でアニメーション制作ツールとして開発が続いています）。

こうして、JavaScriptがWeb業界の標準技術となりました。

3・4

Node.js、npm
(Node Package Manager)

📖 用語解説

Webブラウザを必要とすることなくJavaScriptを動作させることができるしくみ（プラットフォーム）。

Node.jsをインストールすると同梱されている、npm（Node Package Manager）という管理ツールを利用して各プログラム（パッケージといいます）をインストールし、npx（Node Package Execute）でコマンドを実行する。現在のフロントエンド開発には欠かせない存在。

前節までで、JavaScriptはWebブラウザで動作させることができると紹介しました。逆にいえばWebブラウザがないと、動作することができなかったのですが、それ以外の環境でも実行できるようにするのが、Node.js（ノードジェイエス）です。

公式サイトでは「JavaScript実行環境」と紹介されています。

まずはこのNode.jsをインストールしてみましょう。公式サイトにアクセスします。

■ Node.js
https://nodejs.org/ja/

アクセスした環境に合わせたNode.jsのダウンロードボタンが表示されるので、最新版か、安定したバージョン（LTS）を選んでダウンロードします。ここでは、LTSの方を選びましょう。

ダウンロードしたら実行ファイル（macOSの場合は、パッケージファイル）を起動してセットアップ作業をしていきます。ここでは、すべて「次へ」ボタンをクリックして進めていけば良いでしょう。

図3-4-1：「LTS」をクリックしてダウンロード

これでセットアップが完了です。とはいえ、Node.jsはインストールしても、そのままでは利用できません。「コマンドライン」が必要となるため、次節で紹介しましょう。

LTS - Long Term Support

> 🗂 LTSとは、「開発は終了して、長期間（Long Term）のサポート（Support）期間に入ったバージョン」という意味になります。頻繁なアップデートはせず、新機能も搭載されませんが、比較的安定した動作をする上、セキュリティに関するアップデートなどは行われるため、安心して利用できるバージョンです。
> 新機能を積極的に使いたいという場合は開発中のバージョンを利用し、安定して利用したい場合はLTSを利用すると良いでしょう。

npm のパッケージを探してみよう

Node.js上で作成したプログラムは、一般に公開して誰でも利用できるようにすることができます。このとき、「パッケージ」という関連ファイル群などをひとまとめにして、すぐに利用できる状態にして配布することが一般的です。

そして、このNode.jsで作成されたパッケージを管理するためのしくみとして「npm（エヌピーエム）」というしくみがあります。次のサイトを確認してみましょう。

■ npm

https://www.npmjs.com/

画面上部の検索窓に「html」などと入力して「Search」ボタンをクリックすると、HTML に関するパッケージなどを検索することができます。ここで、自分に必要なパッケージを探してインストールをすることで、利用できるようになります。

図 3-4-2 :「html」で検索したところ

なお、似たコマンドに「npx」があります。これは、npm でインストールしたパッケージを利用するときのコマンド。この 2 つのコマンドを使い分けていきます。

こぼれ話 yarn と pnpm

npm は、当初「動作が遅い」という問題点がありました。そこで、これらを解消したパッケージマネージャである「yarn」が開発され、その後「pnpm」というパッケージマネージャも登場しました。

これらは npm と同様の管理機能を持ちながら、非常に動作速度が速くなったとして、利用者が増えました。

ただしその後、npm も動作速度が改善したこともあり、現在でもやはり多く使われているのは npm である印象です。

さらには、これらを統合的にあつかう「ni」、さらにパフォーマンスが向上した「bun」など、さまざまなものが登場しています。

今後、どれがスタンダードになっていくか分かりませんが、まずは基本となる「npm」を覚えておいて、余裕が出てきたら他のものも検討していくと良いでしょう。

- yarn https://yarnpkg.com/
- pnpm https://pnpm.io/ja/
- ni https://github.com/antfu/ni
- bun https://bun.sh/

3・5

コマンドライン、ターミナル

コマンドラインとは、マウスやトラックパッドを使わずに、キーボードのみでコンピュータを操作する原始的な操作方法。エンジニアを中心にコマンドライン専用のツールなどが開発されている。

現在のWindowsやmacOSでもコマンドラインを使うことができ、これには「ターミナル」というソフトウェアを利用する。通常の操作では作業できないものを作業したり、効率よく作業を行うことができる。

　普段、WindowsやmacOSを利用する場合、マウスやトラックパッドなどを使って操作しています。しかし、マウスなどが誕生する以前のコンピュータは、図のように文字だけの環境で、キーボードだけを使って操作していました。

図 3-5-1：Windows以前のコマンドライン（出典元：https://en.wikipedia.org/wiki/MS-DOS）

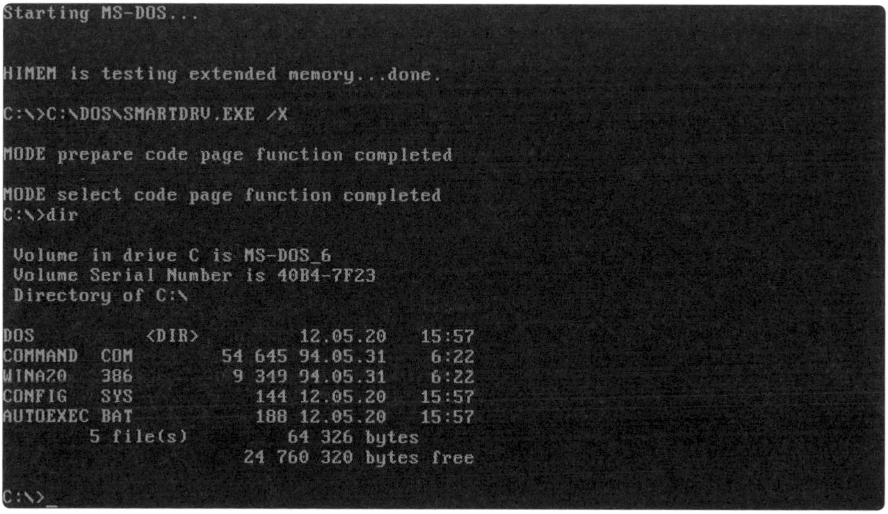

```
Starting MS-DOS...

HIMEM is testing extended memory...done.

C:\>C:\DOS\SMARTDRV.EXE /X

MODE prepare code page function completed

MODE select code page function completed
C:\>dir

 Volume in drive C is MS-DOS_6
 Volume Serial Number is 40B4-7F23
 Directory of C:\

DOS          <DIR>         12.05.20    15:57
COMMAND  COM      54 645 94.05.31     6:22
WINA20   386       9 349 94.05.31     6:22
CONFIG   SYS         144 12.05.20    15:57
AUTOEXEC BAT         188 12.05.20    15:57
       5 file(s)        64 326 bytes
                    24 760 320 bytes free

C:\>_
```

このようなインタフェースを「CUI（Character User Interface）」と呼びます。しかし、このようなコンピュータを扱うには、かなり知識や経験が必要なため、コンピュータをより身近なものにしようと「マウス」という入力デバイスを使ったMacintosh（後のmacOS）やWindowsなどが開発され、GUI（Graphical User Interface）が一般的になりました。

ただし、GUIで操作できるソフトウェアには実は限りがあり、現在でもWindowsにもmacOSにもCUIでのみ動作するソフトウェアが残されています。それどころか、現在でもCUIでのみ動作するソフトウェアは日々開発され、技術者や開発者が愛用しています。

ここでは、実際にCUIを利用して操作してみましょう。

ターミナル

> Terminal（ターミナル）は、「末端」といった意味の英単語で、ここではWindowsやmacOSなどの環境上から、コマンドラインを操作するために利用されるソフトウェアのことを指します。

Windowsやmac OSでも、コマンドラインを利用することができます。ここでは、「ターミナル」というソフトを利用してみましょう。それぞれ次の方法で、ターミナルを起動しましょう。

macOS

Launchpadを起動すると、「その他」というグループの中に「ターミナル」というソフトがあるのでこれをクリックしましょう。図3-5-4のような画面が表示されます。なお、Finderで「アプリケーション」の中の「ユーティリティ」フォルダから起動することもできます。

図3-5-2：Launchpadを起動

図3-5-3：「**ターミナル**」をクリック

図3-5-4：「**ターミナル**」が起動したところ

Windows 11以降

　スタートボタンを右クリックして表示されるメニューに「Terminal」があるので、これをクリックしましょう。図**3-5-6**のようなウィンドウが表示され、ターミナルを利用できます。

図3-5-5：**スタートボタンを右クリックして「Terminal」をクリック**

図3-5-6：「Terminal」が起動したところ

Windows 11の「ターミナル」について

Windows 11の「ターミナル」というソフトは、実際には内部で「Windows PowerShell」というソフトウェアが起動しています。

また、他のターミナルアプリケーションである「コマンドプロンプト」や「AzureCloudShell」というものも起動することができる、複合アプリとなっています。

Windows 10

Windows 10の場合、同じくスタートボタンの右クリックメニューに「(Windows) PowerShell」や「コマンドプロンプト」が表示されます。厳密にはそれぞれ違うソフトですが、本書で利用する範囲であれば、どれを起動しても同じように利用できます。

Visual Studio Codeでターミナルを使おう

Webの開発でターミナルを利用する場合は、上記の方法よりも、Chapter2・1でインストールしたVisual Studio Code（VSCode）を利用すると便利です。WindowsでもmacOSでも共通の操作で起動することができます。

VSCodeを起動したら、メニューバーから「ターミナル→ターミナルを表示」をクリックしましょう。画面の下部に図のようなパネルが表示されます（筆者のVSCodeは見やすいように、配色テーマを変更しています）。このターミナルは、先の手順で起動したWindows / macOSのターミナルと同じように利用することができます。

図3-5-7：VSCodeで「ターミナル」を表示したところ

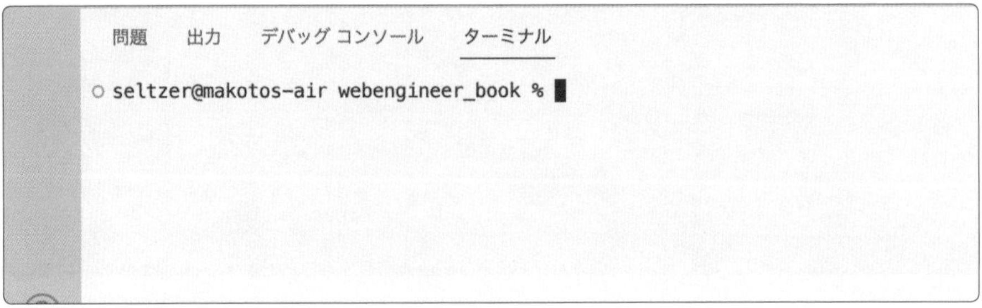

問題　出力　デバッグ コンソール　ターミナル

```
seltzer@makotos-air webengineer_book %
```

プロンプト

ターミナルが起動すると、図3-5-8のようにテキストカーソルが点滅した状態になります。これを「プロンプト（Prompt：促すといった意味)」といい、ユーザーからのコマンドの入力を待っている状態です。

図3-5-8：**テキストカーソルが点滅する**

キーボードから文字を入力すると反映されます。そして、［Enter］キー（［Return］キー）を押すとコマンドが送られ、結果がすぐに表示されます。

それでは、プロンプトに次のように入力してみましょう。

ターミナルで入力

```
ls
```

すべて小文字で入力して、［Enter］キーを押しましょう。図のようなメッセージが画面に表示されます。

これは「**ls**」というコマンドを使って、フォルダ内のファイルやフォルダの一覧を表示しました。Finderやエクスプローラーでファイルの一覧を見るという操作と同じです。

図3-5-9：「ls」**コマンドを実行したところ**

ディレクトリ

📁 Finderやエクスプローラーで、ファイルをひとまとめにできる図3-5-10のような
アイコン。これを「フォルダ (Folder)」と言います。しかし、このフォルダ、昔は「ディ
レクトリ (Directory)」と呼んでいました。

ファイルをひとまとめにするものを「フォルダ」と呼びますが、以前は「ディレクトリ」と
呼ばれていました。

Windowsやmac OSの登場で、「フォルダ」と
呼ばれるようになりましたが、ターミナルで扱うと
きは今も変わらず「ディレクトリ」と呼びます。

そこで本書でも、ターミナル上での操作の場
合は「ディレクトリ」という言葉を使います。フォ
ルダのことと読み換えて理解してください。

図3-5-10：**フォルダのアイコン**

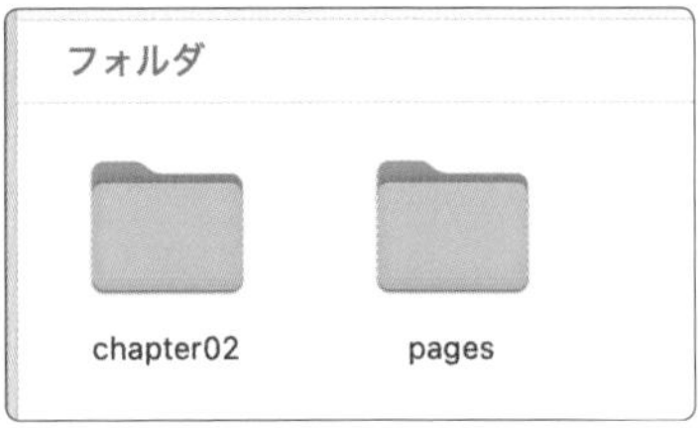

フォルダ

chapter02   pages

コラム

基本的なコマンドをマスターしよう

ターミナルを使うとき、ぜひ覚えておきたい基本的なコマンドがいくつかあります。な
お、各コマンドは、環境により異なります。以下では、「Terminal」はmac OSのター
ミナルを意味します。

ls/dir

現在の作業ディレクトリの、ディレクトリやファイルの一覧を表示するコマンドです。

書式

```
ls ········ Terminal、PowerShell
dir ······· コマンドプロンプト
```

pwd

現在作業をしているディレクトリの場所を表示します。環境によらずコマンドは共通です。

書式

```
pwd
```

mkdir

今作業しているディレクトリ内に、新しいディレクトリを作成します。例えば、次のように入力して、Finderやエクスプローラーで確認すると、新しいフォルダができていることが確認できます。環境によらずコマンドは共通です。

書式

```
mkdir <ディレクトリ名>
```

cd

作業するディレクトリを変更します。**cd**コマンドの後に、パス（Chapter2・10）を指定します。macOSの場合は、Webでのパスの指定と同じものが利用できます。Windowsの場合、¥マークでディレクトリを区切ります。環境によらずコマンドは共通です。

書式

```
cd <移動したいパス>
```

touch/New-Item/type null

新しいファイルを作成します。このコマンドは、macOSとWindowsでコマンドの内容が異なります。

```
touch <ファイル名> ················ Terminal
New-Item <ファイル名> ········· PowerShell
type null <ファイル名> ········ コマンドプロンプト
```

テキストファイルができあがります。

cp/copy

ファイルやディレクトリをコピーします。2つのパラメーターを半角空白区切りで指定します。

書式

```
cp <コピー元のパス> <コピー先のパス> ············ Terminal、PowerShell
copy <コピー元のパス> <コピー先のパス> ········ コマンドプロンプト
```

mv/move

ファイルやディレクトリを移動します。また、同じ場所を指定することでファイル名・ディレクトリ名を変更することもできます。

書式

```
mv <移動元のパス> <移動先のパス> ············ Terminal、PowerShell
move <移動元のパス> <移動先のパス> ········ コマンドプロンプト
```

rm

ファイルまたはディレクトリを削除します。macOSの場合、ディレクトリを削除する場合は「-r」というオプションをつけなければ、エラーメッセージが表示されて削除できません。Windowsではつけても省略しても削除が可能です。環境によらずコマンドは共通です。

書式

```
rm <削除したいファイル名>
rm -r <削除したいフォルダ名>
```

オプションを指定しよう

各コマンドには、細かい設定を「オプション」で指定することができます。例えば、次のコマンドを入力してみましょう（Terminalのみ）。

書式

```
ls -l
```

すると、ファイル一覧の表示方法が変化します。ここでは、リスト表示をするための「l」というオプションを指定しました。

図3-5-11：lsコマンドを実行したとき

```
seltzer@Makotos-MacBook-Air webengineer_book % ls
chapter02            chapter05            package.json
chapter03            node_modules         style.css
chapter04            package-lock.json
```

図3-5-12：ls -lコマンドを実行したとき

```
seltzer@Makotos-MacBook-Air webengineer_book % ls -l
total 200
drwxr-xr-x@  18 seltzer  staff    576  9 20 17:54 chapter02
drwxr-xr-x@  28 seltzer  staff    896  9 17 11:07 chapter03
drwxr-xr-x@  11 seltzer  staff    352  9 16 20:48 chapter04
drwxr-xr-x@   4 seltzer  staff    128  9 14 09:10 chapter05
drwxr-xr-x@ 191 seltzer  staff   6112  8 28 16:19 node_modules
-rw-r--r--@   1 seltzer  staff  91039  8 28 16:19 package-lock.json
-rw-r--r--@   1 seltzer  staff    352  8 28 16:19 package.json
-rw-r--r--@   1 seltzer  staff    118  8 23 22:44 style.css
```

コマンドラインではオプションとして「- (ハイフン)」に続けて指定します。複数のオプションを指定することができます。

オプションを付けるときの書式

```
ls -オプション
```

また、ハイフン2つでオプションを指定する場合もあります。以下は、macOS12.0
(Monterey) 以降のTerminalのみで利用できるオプションです。

書式

```
ls --color=always
```

すると、ディレクトリに色がつけられます。「--color」というオプションに、「常に
(always)」と指定しました。

-で指定するオプションは英数字1文字、--で指定するオプションは英単語になっ
ていて、その後に「=」で値を指定できたりするオプションが多いです。各コマンドに
は、さまざまなオプションが準備されているので、マニュアルなどを参照しながら利用
していきます。本書では、必要に応じてコマンドやオプションなどを紹介していきます。

図3-5-13：ls --color=always コマンドを実行したとき

```
seltzer@Makotos-MacBook-Air webengineer_book % ls --color=always
chapter02        chapter04        node_modules      package.json
chapter03        chapter05        package-lock.json style.css
seltzer@Makotos-MacBook-Air webengineer_book %
```

3 · 6

プリプロセッサ、Sass（SCSS）

📖 用語解説

CSSを生成するための言語。CSSに存在する欠点を補い、効率良く大規模なCSSを記述するために、CSSでは書けない書き方を行うことができる。

ただし、そのままではWebブラウザでは読み込めないため、Node.jsなどで「プリプロセッサ」というプログラムを利用して、CSSに変換する必要がある。

Chapter 2で「CSS」を学びました。しかし、現代のWebサイト制作において、CSSをそのまま記述することは少なくなってきています。

それは、Webサイトが徐々に大規模で複雑な作りになってくると、CSSでは次のような点で管理が煩雑になってしまうためです。

- 色や大きさなど、サイト全体で統一したい物を一括して管理ができない
- 要素の階層が深くなると、階層セレクタが複雑になる
- 一度書いたCSSが再利用できない

そこで、新しいCSSの書き方として、より効率が良く大規模なサイトでも対応可能な改良版が続々と登場しました。

SCSS / Sass

📖 CSSをより効率よく記述するための独自言語。当初は、LESS（レス）やStylus（スタイラス）といった種類もありましたが、その後一般的に利用されるようになったのは

「Sass（サス）」と呼ばれる記述法で、中でもCSSと互換性を保った「SCSS（Sassy CSS）」という記法が一般的になりました。現在では、SassとSCSSはほぼ同意語として利用されます。

SCSSを使ってみよう

例えば、図のような見出しを作成することを考えてみましょう。HTMLは次のようにheaderタグとh1タグで作られています。

図3-6-1：これから作成する見出し

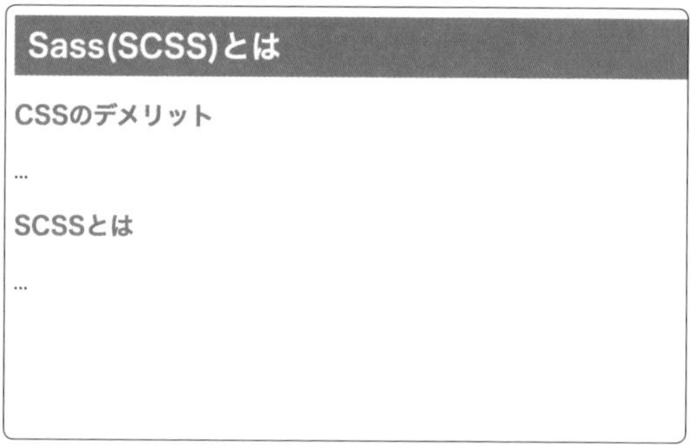

chapter03/sass.html

```
<header>
  <h1>Sass（SCSS）とは</h1>
</header>
<div>
  <h2>CSSのデメリット</h2>
  <p>...</p>
  <h2>SCSSとは</h2>
  <p>...</p>
</div>
```

これを使って、SCSSのメリットを見ていきましょう。

階層構造が書ける

例えばここで、「header要素の中のh1要素」にスタイルを適用したい場合、Chapter2・15で紹介した「子孫セレクタ」を利用すると、次のように記述できます。

```
header h1 {
  font-size: 1.5rem;
}
div h2 {
  font-size: 1.2rem;
}
div p {
  font-size: 16px;
}
```

しかし、子孫セレクタは毎回親のセレクタを記述しなければならなかったり、親要素との関係性が分かりにくくなったりします。そこで、SCSSでは次のように「入れ子」にして階層として記述することができます。

HTMLファイルと同じ場所に「style.scss」というファイル名で作成してみましょう（ファイル拡張子が、.scssとなっているので気をつけましょう）。

chapter03/style.scss

```
header {
  h1 {
    font-size: 1.5rem;
  }
}
div {
  h2 {
    font-size: 1.2rem;
  }

  p {
    font-size: 16px;
  }
}
```

このように、「{ }」の中にセレクタを記述すると、「**header**の中の**h1**」とか「**div**の中の**h2**」のような関係性を表すことができます。

さて、こうして作ったSCSSのファイルですが、このままではWebブラウザは解釈することができません。これを、CSSに変換する必要があります。この作業をトランスコンパイルまたは略してトランスパイルといいます。

トランスコンパイル (トランスパイル)

SCSSをCSSに変換する「トランスコンパイル」を行うためには、トランスコンパイラ (トランスパイラ) というツールが必要です。Windows用、macOS用のソフトウェアで利用することができるものもありますが、近年ではこういったツールに前説までで紹介したNode.jsで動作するコマンドラインツールを利用するのが一般的です。

ここでは、sass (Dart Sass) というSassトランスパイラを利用してみましょう。

トランスパイラを使ってみよう

まずはターミナルを利用しましょう。ここでは、VSCodeを起動して「ターミナル→新しいターミナル」メニューをクリックします。なお、この後の作業はVSCodeでフォルダを開いている必要があるため、Chapter2・1の手順でフォルダを開いていることを確認しておきましょう。

起動したターミナルのコマンドラインに、開いているフォルダ名が表示されていれば成功です。開けていなかった場合は、一度VSCodeを終了して開き直してからターミナルを起動しましょう。

図3-6-2：VSCodeでターミナルを起動

画面下のターミナルが起動したら、次のように入力しましょう。

ターミナルで入力

```
npm i sass -g
```

しばらく英文メッセージが表示された後、元の画面に戻ります。これで、sassのインストール作業が完了しました。

ここで入力したコマンドは、**npm**のインストールコマンドです。「**i**」というアルファベットが、インストール（install）の略称で、次のように略さずに入力することもできます。

ターミナルで入力

```
npm install sass -g
```

後は、インストールしたいパッケージ名を入力しましょう。パッケージ名は、**npm**のWebサイトから探すことができます。

■ sass - npm

https://www.npmjs.com/package/sass

画面の右側にはインストールコマンドも表示されているので、これをコピーして利用することができます。

図3-6-3：**インストールコマンド**

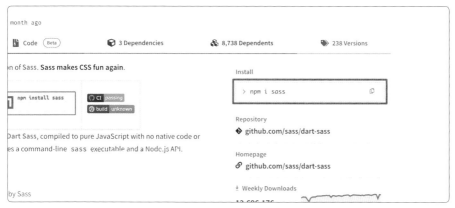

「-g」というオプションは、インストールした「sass」というコマンドをどの場所からでも利用することができるようにするためのオプションですが、今は気にしなくて良いでしょう。

トランスパイルをしよう

それでは、今インストールしたsassを使ってみましょう。ちょっと長いですが、間違いのないように打ち込んでいきましょう。

ターミナルで入力

```
sass chapter03/style.scss chapter03/style.css
```

正しく入力すると、しばらく時間がたった後でプロンプトが再び表示されます。もし次のようなエラーメッセージが表示されてしまった場合は、確認しながら入力し直しましょう。

ターミナルで表示

```
no such file or directory: sass
```

なお、打ち込み直すときはキーボードの上矢印キーを押すと、直前に入力した内容を呼び出すことができます（何度も押せば、どんどん遡ることができます）。

そして、キーボードの左右キーでカーソルを移動して、打ち込み直すことができます。マウスやトラックパッドによる操作はできませんので、気をつけてください。

正しく入力ができると、chapter03フォルダに「style.css」と「style.css.map」というファイルが自動的にできあがります（マップファイルについては後述）。

style.cssの内容を確認すると、次のように子孫セレクタに変換されていることが分かります。

chapter03/style.css

```
header h1 {
    font-size: 1.5rem;
}

div h2 {
    font-size: 1.2rem;
}
```

```
div p {
  font-size: 16px;
}
```

このファイルは、通常通りのCSSファイルとして利用できるため、HTMLから次のように
参照して使うことができます。

chapter03/sass.html

```
<link rel="stylesheet" href="style.css">
```

こうして、SCSSを書いてCSSに変換するという作業をしながら、Webページを制作し
ていくことになります。かなり面倒に感じますが、このあたりは自動化することができるため、
実際にはフレームワーク（Chapter3・21参照）などと組み合わせて利用されます。

SCSSの各種機能

SCSSには入れ子構造の他にも、さまざまな便利な機能があります。実際に、今作成し
た「style.scss」に記述しながら、どんな変換結果になるかを試してみましょう。

変数が使える

Webサイトでは、色や余白などをサイト全体で統一するケースがよくあります。例えば、
図3-6-1の例の場合もh1の背景色と、h2の文字色は同じ色を使っています。

しかし、CSSでは値を直接記述しなければならないため、次のように同じような指定を
何度も記述しなければなりません。

```
header h1 {
  background-color: #278767;
}
div h2 {
  color: #278767;
}
```

SCSSには「変数」という機能があります。これは、値に名前（変数名）というものをつ
けて、値の代わりにできるという機能です。例えば、次のように変数を作成しましょう。

```
$primaryColor: #278767;
```

変数名は先頭が「$」から始まる必要があります。これで、SCSS内ではカラーコードの代わりに、この変数名を利用できるようになります。

chapter03/style.scss

```
$primaryColor: #278767;

header {
  background-color: $primaryColor;
}
div {
  h2 {
    color: $primaryColor;
  }
}
```

これをCSSにトランスパイルすると、カラーコードに変換することができます。

```
header {
  background-color: #278767; }

div h2 {
  color: #278767; }
```

変数を使うと、もし後から色を変えたい場合は変数の内容を変えるだけで、それを利用しているすべての場所のカラーコードが変更できます。

何度も同じ値を記述しなければならない手間や、書き間違いがなくなり、非常に便利になります。

@use構文、@import構文

大規模なWebサイトの制作になると、SCSSファイルを1つで作成すると、ファイルサイズが大きくなってしまい、メンテナンスしにくくなってきます。そこで、複数のSCSSファイルに分けて、後からこれを1つにまとめるということができます。

例えばここでは、先ほど追加した色の定義の部分を、別のファイルに移動しましょう。

```scss
$primaryColor: #278767;
```

作成したファイル名の先頭にアンダースコア（_）があるので気をつけましょう。これは、このSCSSファイルが他のファイルから取り込まれることを前提としたパーツファイルであることを示すもので、必須なわけではありませんが、管理しやすくなるので付加しておくと良いでしょう。

そしたら、元の「style.scss」からは、これを次のように取り込むことができます。

```scss
@use '_color';
```

そして、実際にこの色の定義変数を利用している部分では、次のように記述を変える必要があります。

```scss
header {
  background-color: color.$primaryColor;
}
div {
  h2 {
    color: color.$primaryColor;
  }
}
```

変数名の前に、それが書かれているファイル名（ここではネームスペースまたは名前空間などと呼ばれます）を記述する必要があります。

なお、これと似た構文で@importという構文もあります。次のように利用できます。

```scss
@import 'color';
...
background-color: $primaryColor;
```

ただし、`@import`構文は2024年現在で廃止予定となっていて、今後は`@use`構文を使うことが推奨されているため、こちらを使うと良いでしょう。

こぼれ話 ☕ **Sassの後を追いかけるCSS**

- -

CSSもSassほどではありませんが、続々と進化をしています。2023年3月にリリースされたGoogle Chrome 112からは「CSS Nesting」つまり、階層構造が利用できるようになりました。

■ CSS Nesting
https://developer.chrome.com/articles/css-nesting/

変数に似たものも利用できるようになっているなど、CSSがSCSSの良い所を参考に進化しています。まだ現状では、サポートしているWebブラウザが少ないため、実用に使うことができませんが、いずれSCSSは不要になるかもしれません。

ソースマップファイル

🗄 Sassをトランスパイルしたときに生成される、CSSとSCSSファイルを紐付けるためのファイル。Google Chromeデベロッパーツールなどの対応ツールを使うと、CSSの各場所が、SCSSのどこに記述されているのかを確認することができます。

ここまでに作成したsass.htmlファイルを、Google Chromeで確認してみましょう。右上の設定ボタンをクリックして「その他のツール→デベロッパーツール」からデベロッパーツールを起動します。

「要素」タブをクリックして、ページ内の`<h1>`要素などをクリックしてみましょう。画面の右側に、図3-6-5のようなCSSの確認ができるようになります。

図3-6-5：要素に適用されているCSSが確認できる

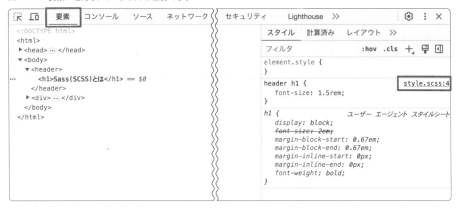

このとき、ファイル名をよく見てみましょう。style.cssではなくstyle.scssファイルの4行目に記述されていることが分かるようになっています。このように、実際の指定が書かれているファイルに紐づけてくれるのがソースマップファイルの役割です。

ここではあえて、生成された「style.css.map」というファイルを削除してみましょう。この状態で再度読み込むと、今度は「style.css」にファイル名が変わり、1行目であることが分かります。

確かに、style.cssの1行目にスタイルは記述されていますが、これはSCSSをトランスパイルした結果であるため、もしこれを修正したい場合でも、元のSCSSのファイルを編集しなければなりません。

しかし、変換後のCSSファイルの行数しか示されなかったら、実際にはそれが、SCSSのどこに書いてあるのかを探さなければなりません。これを解決するのが、ソースマップファイルです。

このファイルが一緒にあると、デベロッパーツールはソースマップファイルを参照して、元のソースファイルのどこに記述されているかを表示してくれるので、非常に助かります。

なお、style.cssの最後の行に次のような記述が追加されています。

style.css

```
/*# sourceMappingURL=style.css.map */
```

この記述で、ソースマップファイルを紐付けることができます。削除などしないようにしましょう。

3・7

オブジェクト指向言語

用語解説

「オブジェクト」というものを使ってプログラムを開発するという
考え方を採用したプログラミング言語。

　それまでのプログラミング方法（「構造化プログラミング」という）で
は、大規模なプログラム開発では設計がしにくいという問題が
あった。

　そこで、「オブジェクト」という単位でプログラムのパーツをまと
めることで、開発や拡張がしやすいプログラムを作成することが
できるようになった。

　本書で学ぶ「JavaScript」等のプログラミング言語は、「オブジェクト指向プログラミン
グ言語」と呼ばれる種類のプログラミング言語です。JavaScriptに限らず、近年のプログ
ラミング言語はこの「オブジェクト指向」と呼ばれるものの一種ですが、それ以前のプログ
ラミング言語では、他の考え方が採用されていました。まずは、オブジェクト指向の前の
「構造化プログラミング」という考え方について紹介しましょう。

構造化プログラミング言語

「順次」「選択」「繰り返し」という3つのプログラムの流れ（制御構造）と、それ
をひとまとめにできる「関数」や「サブルーチン」と呼ばれるものを使ってプログラム
を開発する手法です。

1980年以前のプログラミング言語で採用されていた考え方で、「C言語」や
「BASIC」といったプログラミング言語がこれを採用しています（プログラミン言語の種類
はダウンロード特典のChapter4・1も参照）。

構造化プログラミングは、小規模なプログラムを作成するには適しているものの、大規模なプログラムを開発しようとした場合に、管理がしにくいというデメリットがありました。

オブジェクト指向プログラミングの登場

　そこで登場したのが「オブジェクト指向」という考え方です。これは、それまでの「制御構造」や「関数」といった考え方に加えて、「オブジェクト」という概念や「メソッド・プロパティ（後述）」といった考え方を取り入れ、プログラムをより細かく単位で分割できるようにした考え方です。

　例えるなら、構造化プログラミングは1つの大きなプログラムがあらゆるすべての作業をこなすのに対し、オブジェクト指向プログラミングは、各専門分野に特化した「オブジェクト」を作り、それぞれが役割分担をして全体の仕事をこなしていくといった考え方です。

　これによって、作業分担がしやすくなるため、全体の見通しもよくなり、プログラムの拡張などもやりやすくなりました。

　オブジェクト指向を取り入れたプログラミング言語を「オブジェクト指向プログラミング言語（Object-oriented Programming Languages：OOPL）」と呼び、現在も多く使われているPythonやPHP、Javaなどのプログラミング言語はいずれもオブジェクト指向プログラミング言語です。

　また、先の「C言語」や「BASIC」といったプログラミング言語も、その後オブジェクト指向の考え方を取り入れ、C言語は「C++（シープラスプラス）」となり、さらにその後「C#（シーシャープ）」となったり、BASICも「Visual Basic」というプログラミング言語になるなど、進化を遂げています。

　そしてJavaScriptも、このオブジェクト指向プログラミング言語の1つです。

こぼれ話 ☕ PHPの進化

- - - - - - - - - - - - - - - - -

特典のChapter 4で詳しく紹介するPHPというプログラミング言語は、実際にはかなり古い言語であるため構造化プログラミング言語です。そこに、オブジェクト指向の考え方も取り入れて「拡張」したため、両方の考え方が混在する複雑なプログラミング言語になっています。

3・8

バグ・デバッグ

📖 用語解説

バグ（Bug）は、プログラムのミスのこと。バグがあると、プログラムが正しく動作せず、途中で止まってしまったり、意図しない結果になってしまうことがある。

そこで、このバグを見つけて修正する作業を「デバッグ（Debug)」といい、デバッグツールを利用したり、検証コードと呼ばれるプログラムを組み込んでバグを見つける方法などがある。

Chapter3・1でプログラムを作成してみましたが、正しく画面に結果が表示されず、図のようになってしまったかもしれません。

図3-8-1：「2」が表示されていない

これは、プログラムに「バグ」が存在するために正しく動作していない状態です。

ここでは、もし正しく動作したという場合でも、あえてプログラムの内容を間違えてバグを発生させた状態にしてみましょう。次のように変更します。

```
<p>1 + 1 =
<script>
  // 画面に1 + 1の結果を表示する
  document.w(1+1);
</script>
です
</p>
```

「`write`」を間違えて「`w`」とだけ、入力したとしましょう。これで画面を表示すると、画面には計算結果が表示されません。この状態を「プログラムにバグがある」といいます。ゲームなどで動作不良で止まってしまったときなどに、「バグる」といった言葉がありますが、この「バグ」も同じ言葉です。

こぼれ話 ☕ バグ
- - - - - - - - - - - -

　Bugは、もともと「虫」という意味の英単語。これは、昔のコンピューターの回路に虫が入り込んだことで、正しく動作しなくなったことから、プログラムのミスのことも「バグ」と呼ぶようになったことが由来です。

デバッグをしよう

　このようになった場合は、バグの原因を見つけ出して修正する「デバッグ作業」を行います。「De-bug」は、バグ（bug）を除去する（de）という意味で、デバッグツールを利用するのが手軽です。

　Webブラウザに搭載されていることも多く、Google ChromeでもChapter2・18で利用した「デベロッパーツール」で利用できます。右上の設定ボタンをクリックして「その他のツール→デベロッパーツール」から起動できます。

　ここで、右上のアイコンを確認しましょう。図3-8-2のようなアイコンが表示されています。これは、プログラムに異常があって正しく動作しないことを示すアイコン。

図3-8-2：エラーのアイコンが表示される

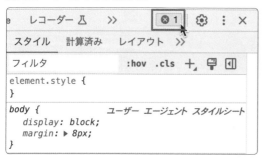

通常は、図のように何も表示されていません。

図3-8-3：通常の状態

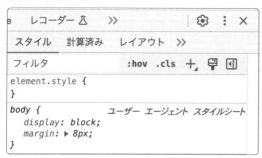

では、このアイコンをクリックしましょう。「コンソール」画面が表示されて、エラーの内容が英語で表示されます。

図3-8-4：エラーの内容が表示される

これは、「wというメソッド（Chapter3・9）が定義されていない」という意味で、この部分が正しくないことを示しています。そして、右側に該当箇所の行番号が表示されているので、これを見ながら、正しくない箇所を探して修正していきます。

ここでは「w」を「write」に書き換えましょう。再度表示すれば、正しく表示されます。

エラーメッセージの表示されないバグ

では次に、次のようにプログラムを変更しましょう。

```
document.write(1-1);
```

ここでは、1+1の結果を知りたかったのに「+」と間違えて、「-」の記号を書いてしまいました。これで画面を表示すると、図のように計算の結果が期待とは異なる状態になってしまいます。

図3-8-5：計算結果が「0」になる

```
1 + 1 = 0 です
```

この時、先と同じ手順で開発者ツールを起動しても、エラーの件数が表示されません。なぜなら、このバグの場合は「プログラムの文法としては正しい」ため、デバッグツールでは見つけることができないためです。

このようなバグの場合は、自分自身でプログラムの内容を確認しながら、間違いの箇所を探していくしかありません。

デバッグ作業は、デバッグツールを利用して見つけることができるものと、見つけられないものがあります。特に後者のバグは、見つけにくかったり、見つけられても原因の場所などを特定するのが難しい場合があります。

そのプログラムが、どのように動くのが正しいのかをしっかり確認しながら、動作確認をして行く必要があります（Chapter3・15のデバッグツールについても参照）。

ChatGPTを使ったデバッグ作業

2023年に衝撃的にデビューしたAIチャットサービス「ChatGPT」。会話を楽しむだけでなく、実はプログラムのデバッグを手伝ってもらうこともできます。

まずは、ChatGPTにアクセスしましょう。

- https://chat.openai.com/

はじめての場合はSign upをクリックしてアカウントを作成したら、ログインします。そしたら、チャット欄に次のように入力してみましょう。

> **次のJavaScriptのプログラムで、間違えている場所はどこ?**
> **document.w(1+1);**

すると、かなり的確に回答が得られる可能性があります。困ったときは、ChatGPTを使ってみると、早く解決できるかも知れません。とはいえ、いずれは自分でもバグを見つけられるように、少しずつ訓練するとよいでしょう。

図3-8-6:ChatGPTに質問したところ

3・9

メソッド、プロパティ、パラメータ

用語解説

オブジェクト指向プログラミング言語で利用できる要素。オブ
ジェクト指向プログラミングでは「オブジェクト」という、機能ご
とのまとまりを作成し、そこに作業を司る「メソッド」と、そのメ
ソッドの調整を行う「パラメータ」、そしてオブジェクトの振る舞い
などを定義する「プロパティ」といった要素を組み合わせてプロ
グラムを構築していく。

Chapter3・1で作ったプログラムについて、改めて詳しく見ていきましょう。

chapter03/sum.html

```
document.write(1+1)
```

このプログラムを実行（動作させること）すると、画面には「2」と表示されました。これ
は、「1+1」という計算をしてその結果が画面に表示されたためです。

オブジェクト

オブジェクト指向プログラミング言語で、最も重要な要素が「オブジェクト」
（Object）です。Objectは「物」といった意味がありますが、ここではJavaScriptが
準備しているさまざまな要素です。

例えばここでは、先頭の「**document**」がオブジェクト（実際には「インスタンス」というも
のですが、これについては後述します）です。**document**はWebブラウザの描画部分のことを
指していて、このオブジェクトに働きかけることによって、Webブラウザの描画部分に影響

を与えることができます。

　オブジェクトについて詳しくは、Chapter3・14で紹介します。

　続いて、Objectにドットでつなげて記述している「write」という部分です。これは
documentオブジェクトの「メソッド」と言います。

メソッド

　メソッド（Method）には「方法」といった意味がありますが、ここではオブジェク
トに対して「やってほしいこと」を記述することなどと捉えると良いでしょう。

　例えば、「write」メソッドはdocumentオブジェクト、つまりWebブラウザの描画部
分に「書いてほしい」という意味で、つまり「画面に表示してほしい」といったことを伝え
ています。

パラメータ

　メソッドに付加して、細かい内容を伝えるための付加情報。オブジェクトとメソッド
を使うことで、「やってほしいこと」を伝えることができますが、例えばここでは
「Webブラウザの画面に、表示してほしい」としか伝えられていないため「何を表示
するのか」が分かりません。
それを伝えるのが、メソッドに続けてかっこに入れて記述する内容です。

　メソッドは、その後に必ずカッコが続きます。この中には、そのメソッドの細かい指示が
入ります。ここでは「1+1」という内容を与えて、計算結果を画面に表示するように指示し
ています。パラメータ（Parameter）は「調整値」といった意味があるとおり、メソッドの動
きを細かく調整する役割を持ちます。ここでは、「何を表示するのか」というのを示すこと
ができ、これによって全体として

「画面に、1+1の計算結果を表示してほしい」

という内容を伝えることができました。これによってJavaScriptは、1+1の計算結果である2
という数字を画面に表示したというわけです。

書式に厳しいプログラミング言語

オブジェクトとメソッド、パラメータの書き方はプログラミング言語では厳しく定められています。このルールから少しでも外れると、全く動作しなくなってしまう「バグ」という状態になります。例えば、次のように「ドット」と「カンマ」を間違えてしまったとしましょう。

```
document,write(1+1);
```

これでは動作しません。また、かっこの記号を「()」と「<>」で間違えてしまったとしましょう。

```
document.write<1+1>;
```

これでも動作しません。決められた記号を決められた順番に記述しなければ、全く動作しないため気をつけて記述しましょう。

こぼれ話 ☕ あいまいな部分もあるプログラミング言語のルール

本文では、「ルールから少しでも外れると、全く動作しない」と紹介しましたが、意外なことにプログラミング言語には、あいまいな部分もあります。例えばJavaScriptでは基本的に行末にセミコロン（;）を付加します。

```
document.write(1+1);
```

しかし、このセミコロンは省略しても特に問題なく動作します。

```
document.write(1+1)
```

また、半角空白を途中で入れたり、改行を入れたりするのも比較的柔軟に行えます。次のプログラムはいずれも同じく動作します。

```
document.write(1+1)
```

```
document.write( 1 + 1 )
document . write ( 1 + 1 )
```

しかし、例えば次のように「document」や「write」の途中などに入れてしまうと、とたんにまったく動作しなくなります。

```
d ocument.write(1+1)
```

なかなか慣れるまでは、融通が利く部分と効かない部分の見極めが難しいですが、うまく付き合っていく必要があります。

プロパティ

📖 「性質」や「所有物」といった意味の英単語。オブジェクトの見た目や振る舞いなどを取得・変更したいときに使われます。

オブジェクトの持ちものとしてもう1つ、「プロパティ（Property：資産、性質といった意味）」というものがあります。

例えば、次のようなプログラムを書き加えてみましょう。

chapter03/sum.html

```
document.write(1+1);
document.title = 'タイトルを書き換えます';
```

これをWebブラウザで表示してみましょう。Webブラウザのタブ部分のタイトルが書き換わりました。

図3-9-1：**タブ部分が書き換わる**

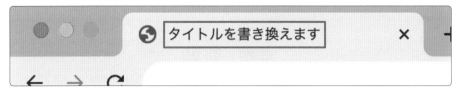

　この「**title**」がプロパティです。プロパティは「特徴」とか「持ち物」といった意味がありますが、**document**オブジェクトが「持っているもの」などと捉えると良いでしょう。ここでは、タブ部分のタイトルを扱いました。

　プロパティはメソッドと違って、「動作」ではなく、見た目や性質などを示していて、変更したり現在の状態を取得することができます。変更するときには、等号記号（=）を使って、変更したい内容をつなぎます。算数では「等しい」という意味なので少し不自然に感じますが、「変更して、結果的に等しくする」といった意味で使われていると思うとよいでしょう。

　このように、オブジェクトには「メソッド」と「プロパティ」があり、これをうまく使い分けて、希望の動きになるように組み立てていきます。どのようなオブジェクトがあり、それぞれにどんなメソッドやプロパティがあるのかなどは、JavaScriptのドキュメントや入門書を参考にしましょう。

■ MDN

https://developer.mozilla.org/ja/docs/Web/JavaScript

3・10

定数、変数

「変数」は、プログラミング言語で利用できる機能で、一時的に計算結果や内容を保管して、名前をつけて再利用できる。
　同じように保管できるものに「定数」というものもあるが、後から内容を変更できないという違いがあり、一度定義した内容が後から変わらないものについては、定数を利用する。

この節では、次のようなプログラムを使って定数や変数を紹介します。

chapter03/value.html

```
<p>
<script>
// 1500円の商品と700円の商品の合計金額を求める
let price;
price = 1500;
price = price + 700;

document.write(price)
</script>
</p>
```

このプログラムを実行すると、画面には図のように表示されます。

図 3-10-1：ブラウザで表示したところ

2200

ここでは、1500円の商品と700円の商品を購入した場合の、合計金額を計算するプログラムを作成しました。

変数、変数宣言

　ここで、次のプログラムを確認してみましょう。

```
let price;
```

　letは、「変数を宣言する」という意味のキーワードです。「〜にする」といった意味があります。**let**に続けて「変数名」というものを決めます。
　変数名は、次のルールに従っていればどんな名前でもよく、その変数を何に利用したいのかによって、後で見分けがつきやすい名前にします。

- 先頭を数字以外にする（NG例：`10th`）
- 利用できる記号はアンダースコアとドル記号のみ（NG例：`low-price`）
- 一部利用できない変数名（予約語といいます）を避ける（NG例：`function`）

予約語

　プログラミング言語で、変数名などに利用できないキーワード。すでに別の用途で使われていたりなどで、混同や誤動作を避けるために使えないようになっています。JavaScriptの予約後は、次のページに一覧があります。
https://bit.ly/3SG9yC4

　ここでは「**price**」という名前の変数にして、価格を保管しておくためのものというのが分かるようにしました。

代入

　変数に、値などを保管する手続きのこと。変数は「代入」をすることで値を保管しておくことができるようになります。

宣言した変数には、次のようにすると内容を保管しておくことができます。

```
price = 1500;
```

ここでは、1500円の商品を購入したことを記録するために、price変数に内容を保管しておきました。JavaScriptでは、イコール（=）の右側に、保管する内容を記述します。

この作業を「代入」と言います（前節でプロパティに値を設定した作業も、この代入の作業になります）。これによって、priceという変数には1500という内容が保管されました。

では、例えばここまでの合計金額を表示してみましょう。

chapter03/value.html

```
<script>
let price;
price = 1500;

document.write(price)
</script>
```

画面に、1500と表示されました。

ここで、次のプログラムを確認してみましょう。

```
document.write(price)
```

前節の通り「**document**」はオブジェクトで「**write**」がメソッドです。これによって「画面に表示してほしい」という意味を示すことができます。後はパラメータで「なにを」を指定するのですが、ここではパラメータとして先の変数名を記述しています。

これによって、このプログラム全体では「**price**という変数の内容を画面に表示してほしい」という意味になります。

このように、変数は値を代入することで保管しておき、後でその変数名を使って画面に表示したり、計算の値として使うなど「再利用」をすることができるようになるのです。

こぼれ話 ☕ **変数名間違いに注意**

- -

　変数を利用するときは、変数名の間違いに気をつけましょう。例えば、次のプログラムは正しく動作しません。どこが違っているのでしょう？

```
<script>
let price;
price = 1500;

document.write(plice);
</script>
```

　「`price`」と書くはずが、スペルを間違えて「`plice`」としてしまっています。

　Chapter3・8のデバッグ方法を使ってデベロッパーツールを利用すると、次のようなエラーが発生していることが分かります。

デベロッパーツールの表示

```
value.html:13 Uncaught ReferenceError: plice is not defined
```

　「`plice`」という変数が定義されていないと表示されています。これは、「`let`」を使って宣言されていない変数名が突然現れたときに発生するバグで、ここではスペルミスを修正すれば、正しく動作します。

　さらに気をつけなければならないのが、変数名は大文字と小文字を区別するという点ですが、次のプログラムも正しく動作しません。

```
<script>
let price;
price = 1500;

document.write(Price);
</script>
```

　ここでは、スペルは合っているのですが「`Price`」の先頭を大文字にしてしまいました。これも、先と同様のエラーが表示されます。特別な事情がなければ、変数名はすべて小文字にすると良いでしょう。

変数の宣言と代入を同時に行おう

変数は、先の例のように宣言してから代入をすることもできますが、これをまとめて1行で行うこともでき、実際にはこちらの方が分かりやすくなります。

chapter03/value.html

```
<script>
let price = 1500; // 1,500円の商品を購入

document.write(price);
</script>
```

変数に再代入しよう

続いて、少しプログラムを書き換えてみましょう。

chapter03/value.html

```
<script>
let price = 1500; // 1,500円の商品を購入
price = price + 700; // 1,500円と700円の商品を合計する

document.write(price)
</script>
```

すると、画面には2200と表示されました。これは、1500と700を足した結果で、700円の商品を追加して、その合計金額を求めました。ここで、次のプログラムを確認しましょう。

```
price = price + 700
```

同じ変数名が、=の右側にも左側にも出てきて奇妙ですが、変数ではよくこのような同じ変数に対して代入する「再代入」という操作が行われます。

このような式の場合、まずは右側で「現在の変数の内容」が展開されます。この時点では、「**price**」の内容は「1500」が代入されているため、次の式と同じになります。

```
price = 1500 + 700
```

そして、この計算を行った結果である、2200を「price」に改めて代入します。この時、変数は「上書き」されて、それまで保管されていた1500は消えてしまいます。

このように、変数は後から内容を上書きすることで、同じ変数を参照しても次々に結果を変えることができるのです。

定数

📖 変数と同じように利用できるものに「定数」があります。こちらはその名の通り、「定まっている数」で、1度だけ代入ができますが、後から変更することができません。

例えば、次の例を見てみましょう。

chapter03/value.html

```
<script>
const tax = 1.1; /* 消費税は10% */

let price = 300 * tax; /* 10%の消費税率をかけた金額を計算する */
document.write(price);
</script>
```

これを表示すると、画面には300円に消費税率10%を足した330が表示されます。次のプログラムを確認しましょう。

```
const tax = 1.1;
```

変数と同じように見えますが、最初に「const」と書かれています。これは「constant(持続する)」の略称で「定数を宣言する」という意味になります。

定数名は変数名と同じルールでつけることができ、ここではtaxという定数名に10%の消費税である「1.1」を代入しました。

消費税の税率というのは、1度定まったらプログラムの中で変化することはあまり考えられません。そこで定数として宣言しました。

定数に再代入してみよう

定数として宣言すると「再代入」が行えなくなります。次のように変更してみましょう。

chapter03/value.html

```
<script>
const tax = 1.1;
tax = 1.2; // 消費税を20%に変更
...
```

この場合、次のようなエラーがデベロッパーツールに表示されます。

デベロッパーツールの表示

```
Uncaught TypeError: Assignment to constant variable.
（定数に値を代入しようとしています）
```

　定数として宣言したものには、値を再代入することができません。このため、プログラム
を見るときに、「**tax**」の値はそのプログラム内ではずっと1.1であるということが一目で分か
り、全体として分かりやすいプログラムにすることができます。

　また、うっかり変更してしてしまってプログラムが正しく動作しなくなるという事故も防ぐ
ことができます。

　こうしてJavaScriptでは、変数と定数を使い分けて値を保管しておくことができます。

コラム

varという変数宣言

　変数の宣言にはもう一つ、「var」という宣言があります。これは、ES2015
（Chapter3・3参照）より前に使われていた変数宣言の方法です。

　現在のJavaScriptでも利用することができ、「グローバル宣言」というものには使え
るのですが、特殊なケースを除いてこれをあえて使う必要はないため、ひとまずvarは
昔の方法で、現在はletとconstを使うと覚えてしまっても良いでしょう。

こぼれ話 ☕ 計算の誤差

　コンピュータは、素早く正確に計算をしてくれるはずと思い込んでいますが、実はすごく簡単な計算を間違えることがあります。例えば、本文で紹介しているプログラムを使って「100円の税込み金額を求めたい」と思い、次のようなプログラムを作ってみましょう。

```
<script>
const tax = 1.1;
let price = 100 * tax;
document.write(price);
</script>
```

　これは、当然ながら「110」と表示されると思うでしょう。しかし、画面には次のように表示されます。

```
110.00000000000001
```

　なぜか小数の答えになってしまいました。これは、「誤差」です。コンピュータの計算にはこのような誤差が出てしまうことがあります。

　これはChapter2・21で紹介した「2進数」が関連していて、2進数では小数を扱う時にこのような小さな誤差が生まれてしまうことがあるのです。

　これを解決するには、いくつかの方法がありますが「ライブラリ」（Chapter3・18参照）というものを利用するのが一般的です。本書で扱うサンプルでは誤差の出ない数字で紹介しています。

3・11

配列、連想配列（Map）

用語解説

配列は、1つの変数の中に複数の値を代入することができるしくみ。添え字（インデックス）と呼ばれる番号を使って配列の中の要素を取り出すことができる。連想配列は、このインデックスに自由な値（キー）を設定できるもので、JavaScriptの場合はMapオブジェクトが使われる。

Chapter3・10で、「変数」を紹介しました。では、あるショップサイトなどで、この変数に商品の名前を代入して管理したいとしましょう。次のようなプログラムを作成しました。

chapter03/array.html

```
<!DOCTYPE html>
<html lang="ja">

<head>
    <meta charset="UTF-8">
    <meta name="viewport" content="width=device-width, ➡
initial-scale=1.0">
    <title>配列・連想配列</title>
</head>

<body>
    <script>
        const item1 = 'バナナ';
        const item2 = 'いちご';
        const item3 = 'りんご';

        document.write(item1);
```

```
        </script>
    </body>

    </html>
```

　ここでは、いろいろな果物の情報を変数に代入しています。一見すると、変数に番号が振られていますし、関連した情報であることが分かります。しかし、コンピュータにはそのような関連性を理解することはできません。

　そこで、このような関連した一連の情報を扱いたい場合は「配列」というしくみを使うと、分かりやすく表現することができます。次のように変えてみましょう。

chapter03/array.html

```
    <script>
        const item = ['バナナ', 'いちご', 'りんご'];

        document.write(item[0]);
    </script>
```

　「item」という変数に対して、ブラケット記号（[ ]）を使って複数の要素を代入しています。これにより、「item」は「配列」というものになります。

```
const item = ['バナナ', 'いちご', 'りんご'];
```

　配列は、中の要素を取り出したい場合は、配列名の後にブラケット記号で番号を指定します。

```
item[0];
```

　これで最初の「バナナ」を取り出すことができます。番号は1からではなく0から始まるので気をつけましょう。この番号のことを「添え字」または「インデックス」と言います。これで、商品を「item」という1つの配列で扱えるようになり、分かりやすくなります。

　ただし、配列の場合、インデックスは数字になるため、例えば0番がバナナで、2番がりんごであるというのは、順番を覚えておかなければなりません。そこで、このインデックス

を自由なキーワードに置き換えることもできます。

連想配列、Map

> 連想配列は配列の仲間で、添え字（インデックス）に数字以外の値を利用した配列のこと。

先のプログラムを次のように書き換えてみましょう。

chapter03/array.html

```
<script>
    const item = new Map([
        ['banana', 'バナナ'],
        ['strawberry', 'いちご'],
        ['apple', 'りんご']
    ]);

    document.write(item.get('banana'));
</script>
```

これも同様に、画面には「バナナ」と表示されます。このように、添え字にキーワードを使うのが連想配列（Map）です。次のように、「banana」というキーで値を取得することができるため、分かりやすいプログラムになります。なお、ここで利用した「new Map...」という記述は「オブジェクトのインスタンス化」という作業ですが、これについてはChapter3・14で紹介します。ここでは「連想配列を作った」と考えていただいて良いでしょう。

```
document.write(item.get('banana'));
```

連想配列の場合、値を取り出す場合は「.get」というメソッドを使う必要があります。
また、値を代入するときは次のような書式になります。少し特殊な書式ですが、これについては次節で紹介します。

連想配列に値を代入するときの書式

```
const 変数名 = new Map([
  [キー, 値],
  [キー, 値],
  ...
]);
```

　こうして、キーと値のセットを代入しておくことで、キーを使って値を取り出せるようになります。例のように、値にニックネームのような言葉を付加することができるほか、例えば「商品名」とその「価格」を連想配列（Map）にして、代入することもできます。

chapter03/array.html

```
<script>
    const price = new Map([
      ['バナナ', 100],
      ['いちご', 120],
      ['りんご', 80]
      ]);

    document.write(price.get('バナナ'));
</script>
```

　配列や連想配列を使って、関連したデータをまとめて管理しておくと、非常に分かりやすくなります。

Chapter 3　フロントエンドエンジニア中級編

こぼれ話 ☕ 連想配列のもう1つの作り方

　連想配列を作る方法として、本文で紹介したMapオブジェクトを使う以外に、次のように作る方法もあります。

```
const item = {
  'banana': 'バナナ',
  'strawberry':'いちご',
  'apple':'りんご'
}

document.write(item['banana']);
```

　これでも正しく、画面には「バナナ」と表示されます。

　この連想配列は、ES2015以前のJavaScriptで利用されていた連想配列の作り方で「オブジェクトリテラル」という記法を使った作り方です。

　ES2015以降でも利用することはできますが、専用に作られた「Mapオブジェクト」があるため、できるだけこちらを積極的に利用していくと良いでしょう。

3 • 12

比較演算子、論理演算子

📖 用語解説

　　比較演算子は、値の大小などを比較できる記号。主にif構文
や繰り返し構文の「条件」として使われる。
　　論理演算子は、複数の条件を組み合わせて1つの条件を作る
ための演算子。ANDとOR、NOR等がある。

例えば、次のようなプログラムを考えてみましょう。

> 購入金額が900円未満の時のみ購入したい

　JavaScript等のプログラミング言語では、このような「判断」をしてその後の動作を変
化させるといったことができます。この時利用されるのが「比較演算子」という記号です。
　次のようなプログラムを作成してみましょう。

chapter03/if.html

```
<script>
const price = 800; # 800円のものを購入します

if (price < 900) {
    document.write('購入しました');
} else {
    document.write('購入できませんでした');
}
</script>
```

　このファイルをWebブラウザに表示すると、画面には「購入しました」と表示されます。
その後に書かれている「購入できませんでした」は実行されません。

Chapter 3　フロントエンドエンジニア中級編

ここでは「if構文」というものを利用しました。

if構文

```
if (条件) {
    条件が合っていた場合の処理
} else {
    条件が合っていなかった場合の処理
}
```

この「条件」という部分には、次のように記述しました。

```
price < 900
```

この「<」という記号が、比較演算子です。算数で習った「不等式」で使われる小なり記号で「より下」という意味になります。つまりこの場合、「**price**」という変数の内容が900「より下である」というのが条件となります。

このプログラムでは「**price**」という変数に800を代入しているので、「条件に合った」ことになり、上のプログラムが実行されます。

では今度は「1000」を代入してみましょう。

```
const price = 1000; # 1000円のものを購入します
```

すると今度は、条件に合わなくなるため「購入できませんでした」と表示されます。

JavaScriptの比較演算子には次のものがあります。

比較演算子	意味
A === B	AとBが等しい
A !== B	AとBが等しくない
A < B	AがB未満
A <= B	AがB以下
A > B	AがB以上
A >= B	AがBより大きい

複数の条件を組み合わせよう

先のプログラムでは、例えば金額に負の数を入れても購入できてしまいます。

```
const price = -100; # 負の数を入れてしまった場合
```

これではプログラムの動きとしておかしいので、プログラムを次のように改良してみましょう。

> 購入金額が0円から900円未満の間だけ、購入できることにしたい

この場合、「0円以上である（`price >= 0`）」と、「900円未満である（`price < 900`）」という2つの条件を同時に満たしていなければなりません。このように、複数の条件を組み合わせる場合に「論理演算子」が利用されます。次のように変更しましょう。

chapter03/if.html

```
<script>
const price = 1000;

if ((price >= 0) && (price < 900)) {
    document.write('購入しました');
} else {
    document.write('購入できませんでした');
}
</script>
```

二つの条件を「`&&`」という記号でつないでいます。これは「かつ」という意味の論理演算子。この場合、「0円以上であり」かつ「900円未満である」場合にだけ、全体の条件が満たされたことになります。論理演算子には、次のようなものがあります。

論理演算子	意味
`&&`	「かつ」という意味、論理積とかAND演算等ともいう
`||`	「または」という意味、論理和とかOR演算などともいう

これらの演算子を使うことで、条件を組み合わせてプログラムを制御することができます。

3 • 13

関数

Chapter3・10で、税込金額を求めるプログラムを作成しました。この時、消費税率の定数には次のように1.1を代入しています。

```
const tax = 1.1;
```

10%の消費税を加算するということは、110%を掛ければ良いことになるので、あらかじめ1.1と計算をして求めておきました。しかし、これでは少しわかりにくいので、やはりここは素直に10%なら「10」と指定できるように改良しましょう。

chapter03/function.html

```
const tax = 10; // 消費税は10%
```

すると消費税込みの金額を求めるには次のような計算式を使う必要があります。

```
let price = 300 * (1 + tax / 100);
document.write(price);
```

結果は同じく330と画面に表示されます。

図 3-13-1：Webブラウザで表示したところ

```
330
```

10％から、1.1を求めてから金額にかけ算をしているというわけです。しかしこの計算式、一目見ただけでは何をしているのかがわかりにくくなります。

また、もし複数の変数で消費税込みの金額を求めようとすると、次のように同じ処理が何度も並んでしまいます。

```
<script>
const tax = 10; // 消費税は10%

let price1 = 300 * (1 + tax / 100);
document.write(price1);
document.write('<br>');

let price2 = 600 * (1 + tax / 100);
document.write(price2);
document.write('<br>');

let price3 = 950 * (1 + tax / 100);
document.write(price3);
document.write('<br>');
</script>
```

このようなとき、行う作業（処理と言います）の内容を分かりやすくし、再利用しやすくするしくみとして「関数」というしくみがあります。

こぼれ話　「関数」は「function」

関数は英語では「function」といい、どちらかというと「機能」と言った意味のある英語ですが、数学用語で「function」が「関数」という意味であるため、日本語ではこの「関数」という言葉が使われます。

関数を作ろう

プログラムの先頭に、次のように書き加えましょう。

```
<script>
const tax = 10;
/* 税込み金額を求める関数 */
function add_tax(price) {
  let result = price * (1 + tax / 100);
  return result;
}
```

これにより「**add_tax**」という名前の「関数」というものが作られました。関数は次のような書式で作ることができます。

関数の定義 (1)

```
function 関数名 （パラメータ） {
  関数の内容
  ...
  return 戻り値
}
```

ここでは「**add_tax**」という名前の関数を定義しました。この関数には、税込金額を求めたい金額を「パラメータ」として指定することができます。

add_tax 関数にパラメータとして price を渡す

```
function add_tax(price) {
  ...

  return result;
}
```

関数を作成すると、次のようにプログラムの中でこの関数を呼び出すことができるようになります。

```
let price1 = add_tax(300); // 300円の税込み金額を求める
document.write(price1);
```

パラメータとして、ここでは300という数字を指定しました。これにより、今作成した「**add_tax**」という関数に300がパラメータとして渡されます。関数は、その処理の中で今受け取ったパラメータを「変数」のようにして扱うことができます。

```
let result = price * (1 + tax / 100);
```

これで、計算した結果は「**result**」という変数に代入されました。

スコープ

> 変数などの参照できる範囲のこと。通常、関数の中で作られた変数は関数の中でしか利用することができません。こうすることで、**プログラムの影響範囲を分かりやすくしています。**

さて、こうして計算ができましたが、実はここで準備した「**result**」という変数は、そのままでは使うことができません。例えば、次のようなプログラムを作ってみましょう。

chapter03/function.html

```
const tax = 10; // 消費税は10%

/* 税込み金額を求める関数 */
function add_tax(price) {
  let result = price * (1 + tax / 100); // resultに計算結果を代入
}

add_tax(300);
document.write(result); // 関数内で作ったresultを表示する
```

これを表示しても、画面は真っ白のままでデベロッパーツールには次のようなエラーメッセージが表示されていまいます。

```
Uncaught ReferenceError: result is not defined
（resultが定義されていません）
```

関数の中で準備した変数は、関数の外では使うことができません。これを「変数のスコープ」といい、**result**のスコープは「**add_tax**」関数の中だけなのです。

戻り値

📋 関数が処理した結果を、呼び出し元に戻すための値。関数に1つだけ定義することができ、returnの後に戻り値を記述します。

ではどうするかですが、関数では「戻り値」というものを作ることができます。P.260で関数に記述した最後の行を確認しましょう。

chapter03/function.html

```
/* 税込み金額を求める関数 */
function add_tax(price) {
  let result = price * (1 + tax / 100); // resultに計算結果を代入
  return result; // resultの内容を戻り値にする
}
```

関数の最後に「**return**」と記述して、戻り値にしたい内容を加えます。ここでは、計算結果の「**result**」を戻り値にしました。

すると、この関数は次のように使うことができるようになります。

```
let price1 = add_tax(300); // 計算結果の戻り値をprice1に代入する
```

これで、「**price1**」という変数に戻り値を代入することができるため、計算結果を取り出すことができるのです。あとはこの「**price1**」を画面に表示すれば、正しく動作します。次のようになります。

```
const tax = 10; // 消費税は10%
/* 税込み金額を求める関数 */
function add_tax(price) {
  let result = price * (1 + tax / 100);
  return result;
}

let price1 = add_tax(300);
document.write(price1);
```

こうして、関数を作っておくと、次のように後から何度でも利用することができます。

```
<script>
...

let price1 = add_tax(300);
document.write(price1); // 330

let price2 = add_tax(600);
document.write(price2); // 660
</script>
```

アロー関数

従来の関数宣言に比べると、簡単に記述することができる記法で、ちょっとした処理などを記述する時に使われます。

アロー（Arrow）は「弓矢」といった意味の英単語で、関数を宣言する時に「=>」という記号を利用しますが、これが弓矢のように見えることからこう呼ばれます。

JavaScriptの関数は、次のような記述方法で定義することもできます。

関数の定義 (2)

```
const 関数名 = （パラメータ）=> 関数の内容
```

変数の宣言と似たような書式ですが、代入する内容がかなり違っています。変数の宣言と同様で、「let」を使うこともできますが、後から変更できないようにするconstを使うのが一般的です。

先のプログラムをこの方法で書き換えてみましょう。

chapter03/arrow-function.html

```
const tax = 10; // 消費税は10%

/* 税込み金額を求める関数 */
const add_tax = (price) => price * (1 + tax / 100);

let price1 = add_tax(300);
document.write(price1);
```

プログラムが非常に簡単になりました。これでも正しく動作します。

この書き方を「アロー関数」といい、ES2015（Chapter3・3参照）から利用できるようになりました。

従来の関数宣言に比べると、簡単に記述することができるため、ちょっとした処理などを記述する時に使われます。

戻り値を定義する

「return」という記述は不要で、計算結果が直接戻り値になります。ただし、次のように中括弧とreturnを使った書き方も可能です。

returnで戻り値を指定した書き方

```
const add_tax = (price) => {
  return price * (1 + tax / 100);
}
```

複数行の処理が必要な場合は、このような書き方もできます。実際には、上記のような1行程度の処理を書くときによく使われ、複数行の処理が必要な場合は従来の書き方がされることが多い印象があります。好みで使い分けて良いでしょう。

JavaScriptを外部ファイルにしよう

　Chapter2・14でCSSを独立したファイルにして、HTMLから参照する「外部参照」を紹介しました。これと同じようにJavaScriptも外部ファイルにして、複数のHTMLから参照することができます。

　まずは、先ほど作成した関数を使ってJavaScriptファイルを作成しましょう。

chapter03/utility.js

```
/* 税込み金額を求める関数 */
const tax = 10; // 消費税は10%
const add_tax = (price) => price * (1 + tax / 100);
```

　ファイルの拡張子を `.js` として保存しましょう。

　このJavaScriptファイルをHTMLで参照するには、`<script>` タグを利用します。次のように新しいHTMLファイルを作成してみましょう。

chapter03/tax_ex.html

```
<!DOCTYPE html>
<html>
<head>
    <meta charset="UTF-8">
</head>

<body>
    <script src="utility.js"></script>
    <script>
        let price1 = add_tax(300);
        document.write(price1);
    </script>
</body>
</html>
```

src属性にファイルのパスを指定します。相対パスや絶対パス（Chapter2・10参照）で指定します。すると、今作成したJavaScriptファイル内で定義されている変数や関数を、HTMLファイル内で利用できるようになります。

なお、この**<script>**タグはかなり特殊で、終了タグを省略することができません。また、次のように内容を記述することもできません。

<script>の終了タグを書かない（誤った書き方）

```
<script src="utility.js">
  document.write('このプログラムは動きません');
</script>
```

src属性を付加すると、内容を書いても動かないため、次のように**<script>**タグを分ける必要があります。

外部ファイルの読み込みと、スクリプトの記述は<script>を分ける

```
<script src="utility.js"></script>
<script>
  document.write('このプログラムは動作します');
</script>
```

3 · 14

オブジェクト、インスタンス

用語解説

　「オブジェクト」はオブジェクト指向言語（Chapter3・7）で、処理などをひとまとめにする単位。例えば、JavaScriptには「日付に関連したオブジェクト（Date）」や「数学の演算に関連したオブジェクト（Math)」などが準備されている。また、自分で新しくオブジェクトを作ることもでき、メソッドやプロパティを含めることができる。

　そして、オブジェクトを実体にしたものが「インスタンス（Instanceは実例、実体という意味の英語)」。プログラムの中で実際に利用できるのは、オブジェクトを「インスタンス化」したものとなる。

　Chapter3・11で連想配列を作るとき、次のような書式のプログラムを記述しました。

chapter03/array.html

```
const price = new Map([
  ['バナナ', 100],
...
```

　この「**new**」から始まる書式は、「オブジェクトのインスタンス化」をするための書式です。

Dateオブジェクトのインスタンスを作ろう

例えば、今日の日付を画面に表示するプログラムを制作してみましょう。次のファイルを作成します。

chapter03/date.html

```
<!DOCTYPE html>
<html>

<head>
    <meta charset="UTF-8">
</head>

<body>
    <script>
        const today = new Date(); // Dateオブジェクトを作る

        // 年・月・日をそれぞれ取得する
        const year = today.getFullYear();
        const month = today.getMonth() + 1;
        const day = today.getDate();

        document.write(year + '年' + month + '月' + day + '日');
    </script>
</body>

</html>
```

このファイルをWebブラウザに表示すると、図のように表示した日の日付が表示されます。

図3-13-1：Webブラウザに表示したところ

2024年1月23日

ここで、次の行に注目してみましょう。

```
const today = new Date(); // Dateオブジェクトを作る
```

「**Date**」というオブジェクトを使って、今日の日時を取得しています。**Date**オブジェクトには日付を取得したり日付の計算をしたりできるメソッドやプロパティが含まれています。

ただ、オブジェクトはそのままでは利用することができません。これを「実体（インスタンス）」にしなければなりません。ここでは「**today**」という変数がインスタンスになります。

インスタンス化するときは「**new**」という構文を使って、インスタンス化したいオブジェクト名を指定します。

インスタンス化すると、そのメソッドやプロパティが使えるようになります。ここでは、次のように各メソッドを使って年や月、日などを取得しています。

```
const year = today.getFullYear();
const month = today.getMonth() + 1;
const day = today.getDate();
```

こぼれ話 ☕ 月が0から始まるJavaScript

本文で、月を求める時に次のように1を加えていました。

```
const month = today.getMonth() + 1;
```

これは、JavaScriptの月が0から始まるため。1月が0で2月は1、12月は11となります。しかし、日付の方は0から29などではなく、1から30などとちゃんとした数字として得られます。

なぜこのようなややこしいしくみになっているのかですが、実は英語圏では月を数字で表すことはあまり多くないようで、1月はJanuaryやJan、12月はDecemberやDec等と表すことが多いため、数字で使うことは多くないのだとか。

日本人は月は数字で表すため、扱いにくいですが気をつけて利用しましょう。

自動でインスタンス化されるオブジェクト

オブジェクトは、インスタンス化しなければ利用することができないと紹介しましたが、次の行を見てみましょう。

```
document.write(year + '年' + month + '月' + day + '日');
```

前節まででも度々利用してきた「**document**」というものですが、**new**構文でインスタンス化している箇所がありません。

実は、この「**document**」というインスタンスはWebブラウザが画面を表示すると、自動的に準備してくれます。同じく「**window**」というインスタンスも自動的に準備されます。そのため、これらには**new**構文が必要ないというわけです。

これ以外のオブジェクトは、基本的に**new**構文が必要になるため気をつけましょう。

値の代入でインスタンス化されるオブジェクト

もう1つ例外として、次のようなものがあります。

chapter03/string.html

```
<script>
    const name = '山田太郎';
    document.write(name + 'の長さは、' + name.length + '文字です。');
</script>
```

このHTMLファイルを画面に表示すると、図のように「山田太郎」という文字列の文字数を知ることができます。

図3-13-2：文字列の文字数がカウントされて表示される

山田太郎の長さは、4文字です。

これは、**name**という変数が「**String**」というオブジェクトであり、この**String**というオブジェクトの「**length**」というプロパティを使って文字列の長さを取得しています。しかし、ここでも**new**構文はありません。単に「山田太郎」という文字列を代入しているだけです。

JavaScriptは、このように変数に何かを代入した場合でも、オブジェクトのように扱うことができ、これを「プリミティブ」と言います。

プリミティブ

> 🗒 **JavaScriptで文字列などを代入すると生成される値の種類。変数のようにもオブジェクトのようにも振る舞うことができることが特徴です。**

　JavaScriptで文字列等を代入すると「プリミティブ」という種類の値になります。これは、そのまま扱うと次のように変数のように値を取り出すことができます。

```
document.write(name);
```

　しかし、メソッド名やプロパティ名を続けることもでき、その場合はオブジェクトのように振る舞います。

```
document.write(name.length);
```

　これは、メソッド名などを利用されたときに自動的に「String」オブジェクトとして振る舞うためです（これを、ラッパーオブジェクトといいます）。こうして、JavaScriptは変数を便利に扱うことができるわけです。
　プリミティブには次の6種類があります。

- 数値（number）
- 文字列（string）
- 真偽値（boolean）
- null
- undefined
- シンボル（symbol）

3 • 15

デバッグツール・デバッガー

📖 用語解説

プログラムのバグ（Chapter3・8参照）を見つけるためのツール。
エディタや開発ソフトに付属していることがあるほか、Web開発
の場合はブラウザに搭載されていることもある。開発中、プログ
ラムがうまく動かないときや、動きの過程が気になるときに利用
する。

次のプログラムを見てみましょう。

chapter03/debug.html

```html
<!DOCTYPE html>
<html lang="ja">

<head>
    <meta charset="UTF-8">
    <meta name="viewport" content="width=device-width, ➡
initial-scale=1.0">
    <title>デバッグ</title>
</head>

<body>
    <script>
        function calc(a, b) {
            return a * b;
        }

        let num1 = 10;
        let num2 = 5;
        let sum = calc(num1, num2);
```

```
        document.write('10+5=' + sum);
    </script>
</body>

</html>
```

このプログラムは、「**calc**」という関数（Chapter3・13）を作成しています。ここには、2つのパラメータを指定でき、その計算結果を返してくれます。しかしここで、プログラムを作る段階では足し算をした結果を得ようとしていたのが、うっかりかけ算になってしまっています。

その結果、実行結果も次のように正しくないものになってしまいました。

図 3-15-1：10+5=50 になってしまっている

10+5=50

しかし、プログラムの文法が間違っているわけではないためエラーメッセージなどは表示されません。このような、エラーにならないプログラムのバグを手作業で見つけるのはなかなか大変です。そこで活躍するのが、デバッグツールまたはデバッガーです。

デバッグツールを使って、デバッグ作業をしよう

デバッグツールは、Web ブラウザに付属していることが多く、Google Chrome にももちろん付属しています（Safari、Edge 等にも付属しています）。

まずは、先のプログラムを Google Chrome に表示して、右上の「Google Chrome の設定」ボタン（ ⋮ ）をクリックし、「その他のツール→デベロッパーツール」の順でクリックしてデベロッパーツールを表示しましょう。

「ソース」タブを開いて、今開いているファイル名を左側のファイル一覧からクリックします。

図 3-15-2：デベロッパーツールを開いたところ

そしたら、まずは「ブレークポイント」を設定してみましょう。

ブレークポイント

📖 ブレークポイントは、デバッグツールの機能の1つで、プログラムを途中で一時的に止めることができる機能です。

デベロッパーツールのソースタブで、プログラムを止めたい行番号をクリックします。ここでは、16行目付近の図の部分をクリックしましょう（行番号はずれていることもあるので、お使いの環境に合わせてください）

図 3-15-3：let num1 = 10; の行番号をクリック

```
10 ▼   <body>
11 ▼       <script>
12 ▼           function calc(a, b) {
13                 return a * b;
14             }
15
16             let num1 = 10;
17             let num2 = 5;
18             let sum = calc(num1, num2);
19             document.write('10+5=' + sum);
20         </script>
21     </body>
22
23 </html>
```

すると、行番号部分の色が変わってブレークポイントが設定されたことが分かります。再度クリックすると、ブレークポイントを解除できます。

図 3-15-4：ブレークポイントが設定された

```
10 ▼   <body>
11 ▼       <script>
12 ▼           function calc(a, b) {
13                 return a * b;
14             }
15
16         |   let num1 = 10;
17             let num2 = 5;
18             let sum = calc(num1, num2);
19             document.write('10+5=' + sum);
20         </script>
21     </body>
22
23     </html>
```

　これで、画面を再読み込みしてみましょう。図のような画面になり、プログラムが途中で止まっていることが分かります。

図 3-15-5：ブレークポイントでプログラムが止まった

```
10     <body>
11         <script>
12             function calc(a, b) {
13                 return a * b;
14             }
15
16             let num1 = 10;
17             let num2 = 5;
18             let sum = calc(num1, num2);
19             document.write('10+5=' + sum);
20         </script>
21     </body>
22
23     </html>
```

　このように、ブレークポイントを設定してプログラムを停止すると、「ステップ実行」という機能が利用できるようになります。

ステップ実行

　プログラムを 1 つずつ（これを 1 ステップといいます）実行しては止めることができるデバッグツールの機能。これを使って、プログラムをデバッグすることができます。

デベロッパーツールの右上に、図 3-15-6 のようなボタン群が表示されます。

図3-15-6：デベロッパーツール右上のボタン

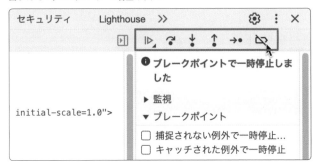

　左から2番目の「ステップオーバー」をクリックしましょう。水色の背景が次の行に移動します。1行だけプログラムが実行されたことが分かります。

図3-15-7：「ステップオーバー」をクリック

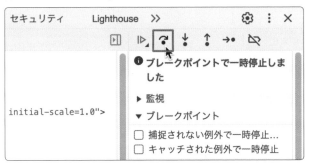

　この時、「**num1**」という変数には、10という値が代入されたことが確認できます。右側の「範囲」というところでも、各変数の状況が表示されています。

図3-15-8：変数の値が確認できる

これを見ながら、1ステップずつ進めていくことができます。もう一度クリックして進めておきましょう。

今度は、左から3番目の「ステップイン」をクリックしてみましょう。

図3-15-9：「**ステップイン**」**をクリック**

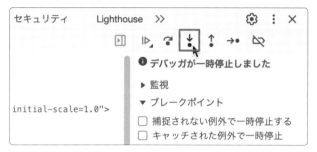

すると、上に戻って13行目が反転しました。これは、「**calc**」という定義した関数の処理の中に入り込んだためで、「ステップイン」を使うとこのように実行する関数やメソッドの内部に入り込んで、さらに細かく確認することができます。

図3-15-10：**関数の処理の中に入り込んだ**

```
10    <body>
11      <script>
12        function calc(a, b) {   a = 10, b = 5
13          return a * b;
14        }
15
16        let num1 = 10;
17        let num2 = 5;
18        let sum = calc(num1, num2);
19        document.write('10+5=' + sum);
20      </script>
21    </body>
22
23    </html>
```

さて、ここで動きをじっくり確認していきましょう。「**a**」という変数にマウスカーソルを重ねると、この変数に代入されている値を見ることができます。同じく**b**も確認ができます。

図3-15-11：「a」にマウスカーソルを合わせて確認

```
10    <body>
11      <script>
12        function ca  c(a, b) {   a = 10, b = 5
13          return   a  * b;
14        }
15
16 ▶    let num1 = 10;
17      let num2 = 5;
18      let sum = calc(num1, num2);
19      document.write('10+5=' + sum);
20      </script>
21    </body>
22
23    </html>
```

　これを見ると、パラメータとして渡されている内容は正しいことが分かります。では、計算の仕方が違うのでしょうか？　「監視機能」を使ってちょっと検査してみましょう。

監視機能

デバッグツールに搭載された機能で、変数の変化などを監視することができます。簡単な計算などもここで可能です。

　右側の「監視」をクリックして開きましょう。右上の「+」をクリックします。

図3-15-12：右上の「+」をクリック

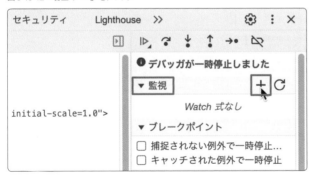

　入力欄が表示されるので、ここに「a+b」と入力しましょう。

図 3-15-13：「a+b」と入力

セキュリティ
Lighthouse
デバッガが一時停止しました
監視
a+b: 15
initial-scale=1.0">
ブレークポイント
捕捉されない例外で一時停止…
キャッチされた例外で一時停止

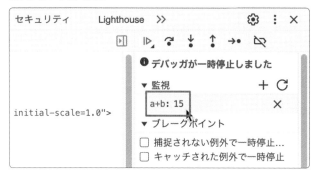

すると、計算結果である「15」が表示されていて、これは期待した計算結果になっています。それでは今度は、13行目の「a ＊ b」という計算式を選択してみましょう。マウスカーソルを当てると、こちらも計算結果が表示されます。

図 3-15-14：「a＊b」の計算結果が表示される

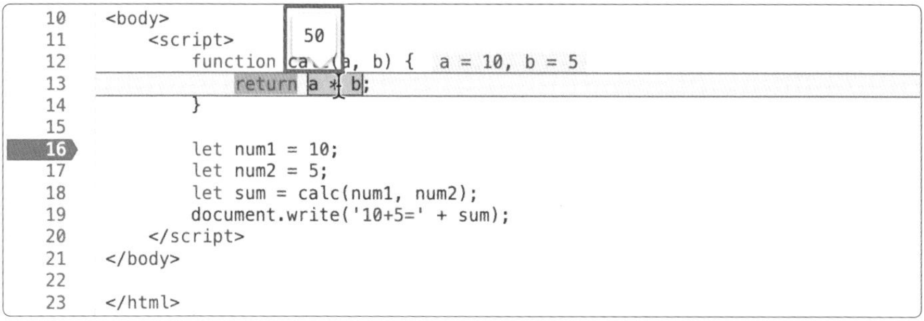

50
10 <body>
11 <script>
12 function calc(a, b) { a = 10, b = 5
13 return a * b;
14 }
15
16 let num1 = 10;
17 let num2 = 5;
18 let sum = calc(num1, num2);
19 document.write('10+5=' + sum);
20 </script>
21 </body>
22
23 </html>

すると、この計算の答えが違っていることが分かります。ここまで来たら、原因の箇所がはっきりしてくるので、後はこのプログラムをじっくり確認すれば、演算記号が間違えていることに気がつきやすくなります。

デバッグツールはこのように、プログラムがおかしな動きをしたときに、少しずつ動かしながら変数の内容などを確認し、原因を突き止めることができます。奥が深いツールですが、使いこなしていきましょう。

ステップ実行の各機能

ステップ実行のボタン群は、次のような役割になっています。

図3-15-15：ステップ実行のボタン類

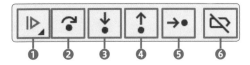

❶実行を再開

残りのプログラムをすべて実行します

❷ステップオーバー

プログラムを1ステップ進めます。関数などがあった場合は、その関数の実行結果まで一気に進みます

❸ステップイン

関数の呼び出し部分で利用すると、その関数の内部に入り込むことができます

❹ステップアウト

ステップインで入り込んだ関数から抜け出すことができます

❺ステップ

基本的にはステップインと同様です。

❻ブレークポイントを無効化

設定したブレークポイントを、一時的に無効にします。再度クリックすると有効化されます。なお、設定したブレークポイントを外したい場合は、もう一度行番号部分をクリックします。

Console APIを利用したデバッグ

Google Chromeのデバッグツールでは、「Console API」というものを利用したデバッグも利用できます。プログラムの中に次のように追加してみましょう。

chapter03/debug.html

```
...
let num1 = 10;
let num2 = 5;

let sum = calc(num1, num2);
console.log(sum); // 追加：sumをコンソールに表示
document.write('10+5=' + sum);
...
```

このプログラムを実行します。特に実行結果には変化がありませんが、ここでデベロッパーツールの「コンソール」タブをクリックしてみましょう。図のように50と表示されます。（ブレークポイントはすべて消しておいてください）

図 3-15-16：「コンソール」タブを確認

　「console.log」は、デバッグツールのコンソール画面に値を出力することができます。これにより、プログラムの途中経過や計算の過程などを逐一表示し、自分が期待したとおりの結果になっているかを確認することができます。

　慣れてくると、デバッグツールでブレークポイントなどを設定するよりも、手軽に検証ができるため便利です。なお、同様にいくつか出力のためのメソッドがあります。

■ console.error
　図のように、エラーとして出力することができます。表示の見た目が変わるだけで、特に機能的な違いはありません。プログラムをチームで開発しているときなどに、チームメンバーにエラーとして示したい場合などに利用します。

図 3-15-17：エラーとして表示される

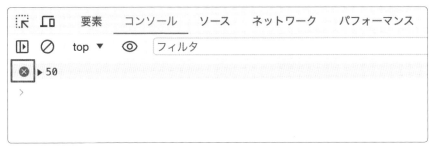

■ console.info

「情報」として出力します。Google
Chromeの場合は表示に変化はありません
が、図のように表示内容が変わる場合もあ
ります（図は、Firefoxで表示したところ）。

図3-15-18：「情報」として表示される

■ console.table

配列などを表形式で出力します。配列の内容を一覧できるので、便利です。

図3-15-19：表形式で表示される

		array.html:17
（インデックス）	値	
0	'apple'	
1	'banana'	
2	'orange'	

こぼれ話 ☕ Visual Studio Codeでもデバッグできる

実は、VSCodeにもデバッグツールが付属しています。プログラムをVSCodeで開
いたら、図の左側の「実行とデバッグ」ボタンをクリックし、パネルに表示された「実
行とデバッグ」ボタンをクリックします。

図3-15-20：「実行とデバッグ」ボタンをクリックする

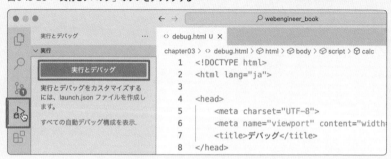

すると、図3-15-21のような選択肢が表示されるので、ここでは「Web アプリ
(Chrome)」を選びましょう。新しく、Google Chromeのウィンドウが表示されます。
そして、「実行とデバッグ」パネルにGoogle Chromeと同じような機能群が表示され
ます。

図3-15-21：「Webアプリ（Chrome）」を選択

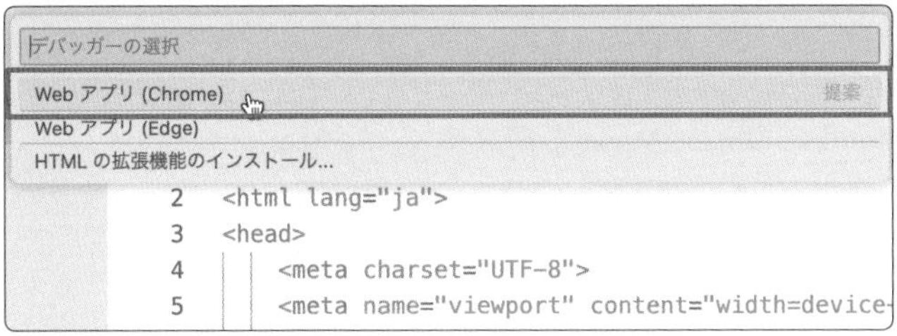

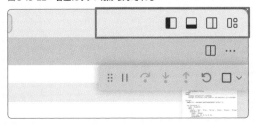

図3-15-22：右上にボタン類が表示される

ブレークポイントも設定できます。エディタの行番号の左に出てくる、赤い円アイコ
ンをクリックしましょう。

図3-15-23：行番号の左をクリックしてブレークポイントを設定

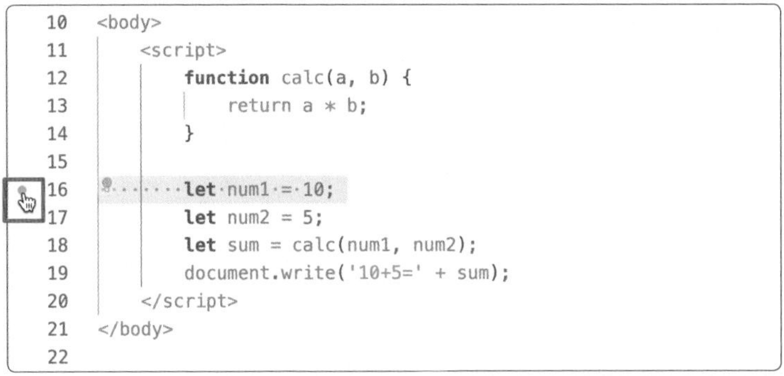

```
10    <body>
11       <script>
12          function calc(a, b) {
13             return a * b;
14          }
15
16          let num1 = 10;
17          let num2 = 5;
18          let sum = calc(num1, num2);
19          document.write('10+5=' + sum);
20       </script>
21    </body>
22
```

こうして、デバッグツールとして利用できます。お好みの方を利用すると良いでしょう。

3 • 16

DOM

Document Object Model の頭文字で、JavaScript などで
HTMLを扱いやすくするために、HTMLの各要素をプログラミン
グ言語で「オブジェクト」として扱うことができるしくみ。
　このおかげで、JavaScript でWeb ページ内の要素を変更した
りすることができる。

Chapter3・1で作成したプログラムを、改めて確認してみましょう。

chapter03/sum.html

```
<body>
  <p>1 + 1 =
    <script>
      document.write(1 + 1);
    </script>
    です
  </p>
</body>
```

　ここでは、「1+1=2です」という文章にしながら、「2」という部分を実際の計算で求める
ために、文章の中に**<script>**タグが埋め込まれています。
　これでも正常に動作するものの、HTMLとJavaScriptが混ざってしまっていて、見にく
かったりします。
　そこで、「DOM」というしくみを使います。これは、Document Object Modelの頭文
字で、HTMLの文書を「オブジェクト」として扱うことができるというしくみです。
　JavaScriptではこのDOMのしくみを標準で利用することができ、JavaScriptの「オブ

ジェクト」として扱うことができます。これによって、HTMLに各要素がメソッドやプロパティを持たせることができます。実際にやってみましょう。

DOMを操作してみよう

まずは、HTMLを準備します。

chapter03/dom.html

```
<p>1 + 1 = <span id="answer">?</span></p>
```

この時、「?」となっている部分に計算結果を表示したいとしましょう。この「?」は、**<span>**というHTMLタグで囲まれています。また、「**answer**」という**id**属性が付加されています。

では、JavaScriptでこの**<span>**要素を操作してみましょう。次のようにプログラムを書き加えます。

```
<p>1 + 1 = <span id="answer">?</span></p>
<script>
let element = document.getElementById('answer');
element.innerHTML = 1+1;
</script>
```

すると、画面には正しく計算結果が表示されます。

図 3-16-1：**ブラウザで表示したところ**

1 + 1 = 2

ここで利用したのが、次のメソッドです。

```
document.getElementById('answer');
```

「answer」というのはHTMLの、<span>要素に付加したid属性です。これをgetElementByIdというメソッドに指定すると、この<span>要素を取得することができます。

これで、この要素をJavaScriptのElementというオブジェクトとして扱うことができます。Elementオブジェクトは、innerHTMLというプロパティを持っていて、これが「画面に表示されているHTMLの内容」を司っています。

そのため、このプロパティに値を代入すると、HTMLが変化して画面に表示されるという具合です。元のHTMLには「?」と書かれているのですが、ページが表示されると同時に画面が書き換わるため、ほとんど見えません。

すっきり書こう

ここまで、要素をいったん「element」という変数に代入しておいてから、そのプロパティを操作していました。しかし実は、変数を使わなくても直接次のようにプロパティを指定することができます。

```
<p>1 + 1 = <span id="answer">?</span></p>
<script>
document.getElementById('answer').innerHTML = 1+1;
</script>
```

こちらの方が無駄な変数がなく、すっきりします。この書き方に慣れると良いでしょう。

querySelectorメソッドを利用しよう

ID属性が割り振られていない要素の場合でも、querySelectorメソッドを使えば、同じように取得できます。HTMLを次のように書き換えてみましょう。

```
<p>15 + 20 = <span>?</span></p>
```

次のように、CSSと同じような「セレクタ」（Chapter2・15参照）によってHTMLの階層構造を使って取得します。

```
<script>
let element = document.querySelector('p span');
element.innerHTML = 15 + 20;
</script>
```

　ただし、今回のように書き換える要素が決まっている場合は、あらかじめid属性を割り振っておいて、「getElementById」メソッドを使った方が動作速度も速くなり、間違いも少なくなるため適しているといえるでしょう。

3・17

イベント、イベントドリブン

📖 用語解説

「イベント」とはプログラムが動作するタイミングのことで、例えば「ユーザーがボタンをクリックした」とか「キーボードのキーを押した」など、ユーザーの操作に応じてプログラムを動作させる場合などに「イベントに反応する」などという。

　この他、タイマーを使って定期的に実行されるイベントや、「ウィンドウが開いた」「次のページに移動した」といったイベントもあり、どのようなイベントが準備されているかはプログラミング言語の種類によって異なる。

　また、イベントをきっかけにプログラムが動作するスタイルのプログラムを「イベントドリブン」という。

　ここまでのプログラムは、画面を表示するとすぐに動作していました。しかし、実際のプログラムでは例えばユーザーがボタンを押したタイミングで動作したり、一定時間がたった後など、プログラムを実行する「タイミング」を調整したいこともあるでしょう。

　このようなタイミングを「イベント」といいます。JavaScriptなどの場合、このイベントを定義することができ、動作するタイミングを調整することができます。

　イベントが定義できるかどうかは、プログラミング言語によって異なり、例えばPHPなどの場合はイベントを定義することはできません。

　JavaScriptのように、イベントを定義できるプログラミング言語を「イベントドリブン（Event Driven）型」といいます。ドリブンは「駆動」という意味で、イベントによってプログラムが駆動するということですね。

ここでは、次のようにHTMLを準備しましょう。

chapter03/event.html

```
<body>
  <button id="start_button">スタート</button>
</body>
```

画面を表示すると、図のようなボタンが表示されます。

図 3-17-1：「スタート」ボタンが表示される

```
スタート
```

しかし、まだ今はクリックしてもなにも起こりません。この「ボタンをクリックされた」というタイミングが「イベント」で、このイベントに対応したプログラムを作成することで「ボタンがクリックされたときに動作する」というプログラムを作ることができます。ここでは、メッセージを表示するようなプログラムを作成してみましょう。次のように追加します。

chapter03/event.html

```
<body>
<button id="start_button">スタート</button>

<script>
    const start = () => window.alert('スタートしました');

    const button = document.getElementById('start_button');
    button.addEventListener('click', start);
</script>
</body>
```

これで画面に表示してみましょう。特に画面に変化は起こりません。しかし、ボタンをクリックすると、図のようにメッセージが表示されるようになりました。

図3-17-2：メッセージが表示される

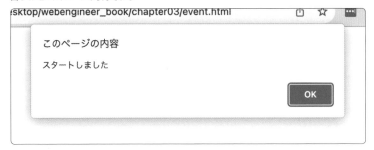

「ボタンをクリックした」というイベントに対して、アラートウィンドウを表示するプログラムを作成したというわけです。

それでは、プログラムを1つずつ見ていきましょう。

まずは、Chapter3・13で紹介した「関数」を1つ作成しています。

```
const start = () => window.alert('ボタンがクリックされました');
```

ここでは、**window**オブジェクトの**alert**メソッドを呼び出しています。これは、Webブラウザーのアラートウィンドウを表示して、パラメータで指定されたメッセージを表示するというプログラムです。

このプログラムを**start**という名前の関数にしました。

次に、Chapter3・16で紹介したDOMの取得機能を使って、ボタンの要素を取得しています。

```
const button = document.getElementById('start_button');
```

これで、ボタンをオブジェクトとしてプログラムで扱えるようになりました。そしたら次に定義するのは「イベントリスナー」です。

イベントリスナー

> リスナー（Listener）は「聞き手」といった意味の英語なので、イベントを「聞く」ということですが、ここでは「イベントを監視する」といった意味に捉えると分かりやすいでしょう。

次のような書式で作成します。

イベントリスナーの登録

```
要素.addEventListener(イベントの種類, リスナー関数, オプション);
```

3つのパラメータがありますが、3つめは特別な理由がなければ省略することができます。ここでは、次のように記述しました。

```
button.addEventListener('click', start);
```

ボタンの**click**というイベントに対して、先ほど定義した関数である**start**を指定しています。これによって、ボタンがクリックされたときに**start**が呼び出されるようになり、アラートウィンドウが表示されたというわけです。

無名関数

> 関数の定義に関数名をつけず、直接パラメーターなどに指定するという方法。一度しか使わない処理の場合などに使われます。

ここで、作成した**start**という関数は、イベントで呼び出されるためだけに作られています。このように、1回しか呼び出されないような関数は、次のように**addEventListener**のパラメータに直接指定することができます。

```
<button id="start_button">スタート</button>

<script>
  const button = document.getElementById('start_button');
  button.addEventListener('click', () => {
    window.alert('ボタンがクリックされました');
  });
</script>
```

先の関数の「`const start = `」という部分を取り除いて、直接パラメータとして指定しています。こうすることで、一カ所でしか使わない関数を定義することができます。

ここで指定した関数は「関数名」がない、つまり「無名」の関数なので「無名関数」などと呼びます。1回しか呼び出されないような関数の場合は、このように記述してプログラムを短くすることができます。

無名関数は無理に利用する必要はないため、慣れてきたら使ってみると良いでしょう。

こぼれ話 ☕ さらに短いプログラム

本文で紹介したプログラムは、無名関数を使うと短く記述することができました。

さらに、前節で利用した「`getElementById`」メソッドに直接記述する方法を使えば、もっと短く書くことができます。次のように書き換えられます。

```
<button id="start_button">スタート</button>

<script>
document.getElementById('start_button').
addEventListener('click', () => {
    window.alert('ボタンがクリックされました');
  });
</script>
```

かなりスッキリ書くことができました。無理に短く書く必要はありませんが、慣れてきたら、こんな風にプログラムをできるだけ短く書くようにすると良いでしょう。

3・18

ライブラリ

前節のようなイベントの定義や、DOMの操作などをすべて自分で開発するのは、なかなか骨が折れる作業です。そこで近年では、ライブラリやフレームワーク（Chapter3・21）を組み合わせることが多くあります。それぞれ紹介しましょう。

JavaScriptのライブラリの種類

ライブラリ（Library）は、図書館といった意味があるとおり、「足りない知識を借りる」ためのもの。

本来、プログラミング言語を使った場合は、あらゆる機能を自分で開発しなければなりません。しかし、例えばWebサイトの開発であれば、画像を大きく表示するポップアップや、コンテンツを折りたたんでおいて、ユーザーの操作に応じて表示・非表示を切り替えられるようにするとか、作りたい機能というのは決まっています。

そんな時に、各プログラミング言語にはさまざまなライブラリが提供されていて、これを組み合わせることで制作することができます。ライブラリは、各メーカーから販売されていることや、有志の開発者で開発をされていることなどもあり、言語によっては数多くのライブラリが提供されています。いくつか紹介しましょう。

■ Chart.js

https://www.chartjs.org/

図のようなグラフを簡単に描けるライブラリ。

図 3-18-1：Charts.js で描画したグラフ（出典：https://bit.ly/4aYgAsR）

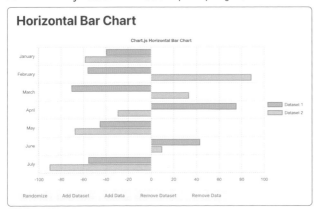

■ Slick (スリック)

https://kenwheeler.github.io/slick/

　Web サイトの先頭などで、大きなバナーが次々に表示される演出はよく見るかもしれません。このような演出を「カルーセル」などと呼びますが、Slick はカルーセルを手軽に作ることができるライブラリです。

図 3-18-2：左右に移動する「カルーセル」（出典：https://bit.ly/4b4aW8K）

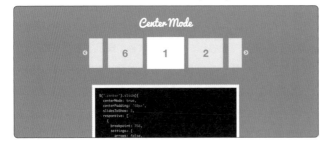

■ GSAP (ジーエスエーピー、ジーサップ)

https://greensock.com/gsap/

　Web ページ上のさまざまなアニメーションを実現できるライブラリ。

近年、ライブラリの代わりに「プラグイン（Plug-in）」とか「アドオン（Add-on）」などと呼んでいるケースもあります。ライブラリよりも、より気軽に組み込むことができる場合にこのように呼ぶケースがあるようですが、大きな違いはありません。

Chart.js を使ってみよう

ここでは、先に紹介したライブラリから「Chart.js」という、グラフ描画ライブラリを実際に利用して棒グラフを作成してみましょう。

まずは、次のような HTML ファイルを準備します。

chapter03/chart.html

```
<!DOCTYPE html>
<html lang="ja">
<head>
    <meta charset="UTF-8">
    <meta name="viewport" content="width=device-width, ➡
initial-scale=1.0">
    <title>Chart</title>
</head>
<body>
    <canvas id="myChart"></canvas>
</body>
</html>
```

ここでは、基本の HTML タグと `<canvas>` という HTML タグを記述しています。これは「キャンバス」という図形などを描画できるタグで、ここにグラフを描画していきます。

では、プログラムを作成していきましょう。次に追加する全文を掲載しますが、打ち込むのは大変なのでサンプルからコピーしたり、ここでは読み進めるだけでも問題ありません。

chapter03/chart.html

```
...
<script src="https://cdn.jsdelivr.net/npm/chart.js"></script>
```

```
<script>
  const ctx = document.getElementById('myChart');

  new Chart(ctx, {
    type: 'bar',
    data: {
      labels: ['Red', 'Blue', 'Yellow', 'Green', 'Purple', ➡
'Orange'],
      datasets: [{
        label: '投票数',
        data: [12, 19, 3, 5, 2, 3],
        borderWidth: 1
      }]
    },
    options: {
    scales: {
      y: {
        beginAtZero: true
      }
    }
  }
  });
</script>
</body>
```

これでWebブラウ
ザに表示すると、図の
ような棒グラフが描画
されます。

図 3-17-3：描画した棒グラフ

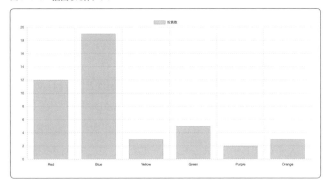

簡単にプログラムを紹介していきましょう。まずは、**Chapter3・16**で紹介した**DOM**を
操作して、HTML内に準備した「**myChart**」という**id**属性を持つ要素を取得しています。

```
const ctx = document.getElementById('myChart');
```

そして、Chart.jsのメインの処理である**new Chart**にさまざまなパラメーターをオプションで指定することで、作成するグラフを変更することができます。次のような書式で指定します。

グラフの指定

```
new Chart( 描画する対象のDOM，オプション );
```

オプションは「JSON（ジェイソン）」という形式で指定します。詳しくはChapter3・20で紹介しますが、例えば次の部分をみてみましょう。

```
new Chart(ctx, {
    type: 'bar',
...
```

ここではグラフの種類（`type`）を、棒グラフ（`bar`）にするという設定をしています。例えばこれを**doughnut**に変更してみましょう。

```
new Chart(ctx, {
    type: 'doughnut',
...
```

図のようなドーナッツ型のグラフに変化します。

こうして、その他のオプション項目も設定していきます。それぞれ紹介しましょう。

図3-17-4：**描画したドーナツ型グラフ**

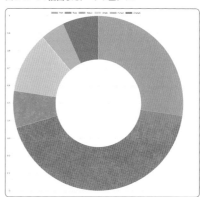

オプション項目	説明
`data`	データに関する内容を指定します
`labels`	グラフのラベルを指定します
`datasets`	グラフの個別の値を指定します
`label`	グラフの見出しを指定します
`data`	グラフのそれぞれのデータを指定します。棒グラフの高さが変化します
`borderWidth`	線の太さを指定します
`options`	その他のオプションを指定します
`y:beginAtZero`	Y軸を0の箇所から開始します

　この他にも指定できる項目がありますが、省略して標準の値にすることもできます。すべてのオプション項目は公式ドキュメントに掲載されているので、参照するとよいでしょう。

■ Chart.js 公式ドキュメント

https://www.chartjs.org/docs/latest/

　オプションの種類などを覚える手間はあるものの、グラフを1から手で作成するのは非常に手間がかかってしまうため、ライブラリを利用することで、手間をかけることなく作成することができるようになります。
　こうして、自分で作成すると手間のかかる処理や、作るのが難しいプログラムなどを、ライブラリを使って開発すると、より高度なプログラムを手間なく作成できるようになるので、積極的に活用していきましょう。

バニラJS

　ライブラリやフレームワークを利用しない、JavaScriptのみで開発することを「VanillaJS（バニラJS）」といいます。これは、アイスクリームのバニラ味のように、なにも味付けのされていないシンプルなアイスということで、この名前がつけられています。

3 • 19

CDN (Content Delivery Network)

用語解説

プログラムのソースコードなどをダウンロードすることなく、直接配信するしくみ。利用者はライブラリをダウンロードしたり、適切なフォルダ（ディレクトリ）にコピーする手間を省いて、手軽にライブラリを利用でき、またキャッシュ効果や最新版に更新されるなどのメリットがある。

ただし、CDNのサーバーに障害が発生すると、利用しているサービス全体に影響があるというデメリットもある。

前節でChart.jsを利用した時、次のように記述しました。

chapter03/event.html

```
<script src="https://cdn.jsdelivr.net/npm/chart.js"></script>
```

`<script>`タグでJavaScriptファイル参照する時に、絶対パス（Chapter2・10参照）でcdn.jsdelivr.netというサイトから、ファイルを直接参照しています。

これは「CDN」というしくみを利用して、ライブラリのファイルを直接配布元から読み込む方法です。

「chart.js」はCDNを利用せずにファイルをダウンロードして、相対パスで利用することもできます。

chart.jsをダウンロードして使う場合の指定例

```
<script src="chart.js"></script>
```

ただしCDNを利用すれば、前節での指定のように指定されたアドレスから直接参照するだけでライブラリを利用することができるようになります。これには、次のようなメリットがあります。

■ 扱いが手軽になる

ライブラリを扱う時に、ファイルをダウンロードしたりする手間が必要なく、<script>タグをコピーするだけで使い始めることができるので、非常に手軽です。

■ 常に最新版が利用できる

ダウンロードして利用すると、ライブラリのバージョンが上がった時に最新版をダウンロードし直さなければなりませんが、CDNの場合はファイルが自動的に更新されるので最新版を常に利用できます。

■ キャッシュ効果が期待できる

Chapter2・3で紹介した通り、Webブラウザにはファイルをキャッシュする機能があります。この時、複数のWebサイトが同じCDNを利用している場合は、キャッシュを共有する事ができるため、表示速度が向上することが期待できます。

■ 分散サーバーの効果が期待できる

CDNのサービスによっては、サーバーを複数設置しているケースがあり、距離的に近い場所からダウンロードできたり、負荷が高い時に別のサーバーからダウンロードできるなどのサービスを受けることができます。

■

このようにさまざまなメリットがあり、利用されることが多くありました。しかし、実は次のようなデメリットもあり、近年では敬遠されることもあります。

■ CDNサービスが停止するとWebサイトに影響が出る

万が一CDNサービスが停止したりすると、ライブラリが参照できなくなり、自身のサービスに影響が出てしまいます。

■ 最新版に自動的にアップデートされることの影響が出る

最新版を常に参照できるのはメリットでもありますが、それによって自身が制作したプロ

グラムが正しく動作しなくなる可能性があり、いつの間にか動かなくなっていたといったことが起こりえます。

　そのため、CDNのサービスによってはバージョンを固定して参照することもできますが、それならダウンロードしてしまった方が早いでしょう。

■ コマンドラインでダウンロードするのが一般的になってしまった

　近年、JavaScriptのライブラリを利用してプロジェクトを作成する場合、Node.js（3-3）を利用して、関連ファイルを一括してダウンロードする方法が一般的になりました。そのため、CDNを使う機会が減ってしまいました。

■

　このように、現在ではあまり使われる機会がなくなってしまいましたが、練習用のプログラムを作成する時や動作を手軽に確認したい時などには利用しやすいしくみではあるため、使えるようにしておくと良いでしょう。

3 • 20

JSON - JavaScript Object Notation

用語解説

データを保存したり送受信するときに利用されるデータ形式
の1つ。

「JavaScript Object Notation」の頭文字を取った物で、名
前に「JavaScript」という言葉が入っているとおり、元々は
JavaScript用のデータ形式として開発された。しかし、その扱い
やすさから、現在ではJavaScript以外のプログラミング言語でも
よく利用されている。

Chapter3・18で、Chart.jsにオプションを指定するときに、次のような書式で指定し
ました。

chapter03/chart.html

```
new Chart(ctx, {
  type: 'bar',
  data: {
    labels: ['Red', 'Blue', 'Yellow', 'Green', 'Purple', ➡
'Orange'],
    datasets: [{
      label: '投票数',
      data: [12, 19, 3, 5, 2, 3],
      borderWidth: 1
    }]
  },
...
```

これは「JSON（ジェイソン）」というデータ形式です。「JavaScript Object Notation」の頭文字を取ったもので、右のような形式で作られます。

このデータを受信したプログラムは、データを分解して必要なキーの値を取り出すことができるのです。

JSONの例

```
{
  キー: "値",
  キー: "値",
  キー: {
    キー: "値",
    キー: ["値", "値",...]
  }
  ...
}
```

JSONを使ってみよう

ここでは、JSONデータを利用した簡単なプログラムを作成してみましょう。

次のようなファイルを準備しましょう。

chapter03/json.html

```
<!DOCTYPE html>
<html>
<head>
    <meta charset="UTF-8">
</head>

<body>
<script>
  const items = {
    price: 1500,
    count: 3
  }
</script>
</body>
</html>
```

ここでは、「`items`」という定数を準備して、JSONデータを代入しています。「`price`」と「`count`」というキーを準備して、それぞれ数字を設定しました。

これにより、「`items`」は「オブジェクト（Chapter3・14参照）」になり、`price`や`count`

は「プロパティ」として利用できるようになります。これを使って、かけ算をした結果を画面に表示してみましょう。

chapter03/json.html

```
...
<script>
  const items = {
    price: 1500,
    count: 3
  }

  /* 合計金額を表示する */
  document.write(items.price * items.count);
</script>
```

すると、画面には4500と表示されます。これは、「`items.price`」の1500と「`items.count`」の3を掛けた計算結果で、このようにJSONの値を使って計算などに利用することができるというわけです。

近年では、JavaScript以外のプログラミング言語や後述するAPI（ダウンロード特典のChapter4参照）でも利用されているデータ形式となっています。

CSV/TSV、XML

> 古くから使われているデータ形式。カンマやタブでデータを区切ったり（CSV/TSV）、HTMLのタグのようなものでデータを定義します（XML）。
> 現在でもデータのインポート・エクスポートやデータの交換などに利用されています。

データを送受信するときに使われるデータ形式には、JSONの他にも「CSV」や「XML」などがあります。それぞれの特徴を紹介しましょう。

CSV/TSV - Comma(Tab)-Separated Values

Excelなどの表計算ソフトでよく利用されている形式です。カンマ記号（,）で区切られた形式です。

```
りんご,100,50
バナナ,80,100
みかん,50,20
```

また、カンマの代わりにタブ記号でデータを区切る「TSV」という形式もあります。(ただし、タブ区切りも含めてCSVと呼ぶ場合もあります)

現在でもExcelなどとの連携で利用されることがありますが、JSONのように直接値を扱えるわけではなく、あらかじめCSVデータをプログラム内で扱えるように処理しなければ扱えなかったり、カンマの位置などでデータがズレてしまったりなど、扱いにくい部分が多く、現在ではあまり利用されていません。

XML

JSONが利用される以前には、よく利用されていたデータ形式です。次のように、HTMLの「タグ」のようなものでデータの内容を表すことができます。

XMLの例

```
<商品リスト>
  <商品>
    <商品名>りんご</商品名>
    <価格>100</価格>
    <在庫数>50</在庫数>
  </商品>
  <商品>
    <商品名>バナナ</商品名>
    <価格>80</価格>
    <在庫数>100</在庫数>
  </商品>
  <商品>
    <商品名>みかん</商品名>
    <価格>50</価格>
    <在庫数>20</在庫数>
  </商品>
</商品リスト>
```

CSVと比べると、各情報の意味が非常に分かりやすくなっていて、扱いやすくなっています。ただし、タグの情報が増えてしまうため、データの容量が大きくなってしまいます。

JSONのメリット

このようなデータ形式がある中で、JSONがよく利用される理由としては、次のようなメリットがあります。

■ データ量が少ない

XMLと比べて、必要となる記号群が少ないため、データ量を少なくすることができます。また、データを手で作成したりするときにも非常に作成しやすいという点がXMLよりも優れています

■ データの意味が分かりやすい

JSONはCSVと違って、各データに「キー」が振られているため、一目で何のデータなのかが分かりやすく、また順番などにも依存しないため、自由にデータを作成することができます。

■ JavaScriptで扱いやすい

JSONは、その名の通りJavaScriptで扱いやすいデータ形式として開発されたため、他のデータ形式の場合は、ファイルから各データを取り出す「パース（Parse）」という作業が必要なのが、JSONの場合はそのまま利用できるため、非常に手軽です。

3・21

フレームワーク

📑 用語解説

「足場」といった意味の英単語で、プログラミング言語の世界では開発のベースとなるプログラム群のこと。
　ライブラリ（Chapter3・18参照）は既存のプログラムに後から追加するもので、フレームワークはゼロからプログラムを作るときのベースとなるものといった違いがあり、特に近年ではJavaScriptを利用してWebサイト全体を構築してしまう手法が、よくとられている。

　Chapter3・18で利用した「ライブラリ」は、既存のHTMLに後から組み込むことができるプログラムでした。
　これに対して、あらかじめ準備された「足場」を使ってプログラムを開発していく手法を、フレームワークといいます。

React、Next.js

📑 JavaScriptで2024年現在で最も人気のあるフレームワーク。React（リアクト）というJavaScriptライブラリをベースに開発されたフレームワークで、Webの開発に必要な要素が揃っているため、すぐに大規模なWebサイトやアプリケーションを開発することができます。

Next.jsを体験しよう

　ここでは、実際にNext.jsを使った開発を体験してみましょう。
　Next.jsで開発をするには、Chapter3・4で紹介したNode.jsが必要になります。あら

かじめセットアップしておきましょう。また、Chapter3・5で紹介した「ターミナル」を使って操作していきます。

それでは、VSCode上でターミナルを起動しましょう。作業をするディレクトリに移動するので、例えばここではデスクトップなどに移動しておきましょう。

ターミナルで入力

```
cd Desktop
```

そしたら、次のようなコマンドを入力してNext.jsのプロジェクトを作成します。

ターミナルで入力

```
npx create-next-app@13.5
```

Node.jsのコマンドを実行する「**npx**」コマンドを使って、ここでは**create-next-app**というコマンドを実行しています。これによって、Next.jsのプロジェクトが作成できます。

最後に付加した**@13.5**は、利用するバージョンで、ここでは本書執筆時点の最新バージョンである13.5を指定しました。

すると、英文で次のような質問をされます

ターミナルでの質問

```
What is your project named?
（プロジェクトの名前を入力します）
```

ここでは、キーボードから「**next-app**」などと入力しましょう。

続けて、次のような各質問をされます。キーボードの左右で「No」と「Yes」を切り替えられるため、次の各項目の内容に従って、Yes/Noを選択して［Enter］キーを押してください。ここでは、まだ質問の細かい内容は理解できていなくても大丈夫です。後で紹介していきます。

ターミナルでの質問とその答え

```
Would you like to use TypeScript? → Yes
```

```
（TypeScriptを利用しますか?）

Would you like to use ESLint?  →  Yes
（ESLintを利用しますか?）

Would you like to use Tailwind CSS?  →  Yes
（Tailwind CSSを利用しますか?）

Would you like to use src/ directory?  →  No
（srcディレクトリを利用しますか?）

Would you like to use App Router? (recommended)  →  Yes
（App Routerを利用しますか?（推奨））

Would you like to customize the default import alias?  →  No
（デフォルトのインポートエイリアスをカスタマイズしますか?）
```

図3-21-1：**ターミナルで表示される質問に答える**

```
○ seltzer@Makotos-MacBook-Air Desktop % npx create-next-app@latest
✔ What is your project named? … next-app
✔ Would you like to use TypeScript? … No / Yes
✔ Would you like to use ESLint? … No / Yes
✔ Would you like to use Tailwind CSS? … No / Yes
✔ Would you like to use `src/` directory? … No / Yes
✔ Would you like to use App Router? (recommended) … No / Yes
✔ Would you like to customize the default import alias? … No / Yes
```

　しばらく、さまざまな英文が表示された後「Success」と表示されれば準備完了です。デスクトップに「next-app」というフォルダができあがっていることが確認できます。これを、VSCodeで開きましょう。

図3-21-2：**「Success」と表示されたら完了**

```
  - eslint
  - eslint-config-next

  added 329 packages, and audited 330 packages in 16s

  117 packages are looking for funding
    run `npm fund` for details

  found 0 vulnerabilities
  Initialized a git repository.

 Success! Created next-app at /Users/seltzer/Desktop/next-app

○ seltzer@Makotos-MacBook-Air Desktop % ▮
```

そしたら、開いたVSCodeで改めて「ターミナル→新しいターミナル」メニューからターミナルを起動します。そして、次のコマンドを入力しましょう。

ターミナルで入力

```
npm run dev
```

これにより、Next.jsに内蔵されている簡易Webサーバーが起動します。Webサーバーについてはダウンロード特典のChapter 4で詳しく紹介するので、ここでは利用するだけで良いでしょう。ターミナル上に、次のようなアドレスが表示されています。なお最後の番号（ポート番号といいます）が少し違う場合がありますが、そのまま利用して問題ありません。

- http://localhost:3000

このアドレス部分にマウスカーソルを重ねると「リンクにアクセス」というメニューが表示されるので、これをクリックしましょう。

図3-21-3：「リンクにアクセス」をクリック

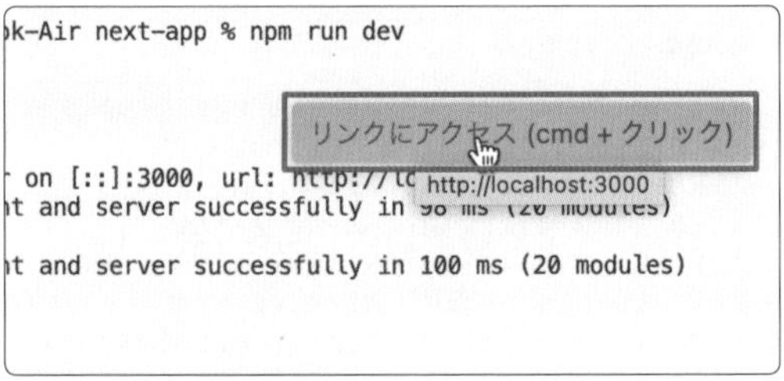

Webブラウザが起動して、図のような画面が表示されます。

図3-21-4：表示される画面

これが、Next.jsを利用して作られたWebサイトの画面です。これをベースとして、実際のWebサイトを制作していくことになります。次の節で、さらに見ていきましょう。

なお、起動している開発サーバーは、キーボードの「Ctrl」キーと「C」キーを入力すると終了できます（macOS/Windows共通）。

その他のJavaScriptフレームワーク

ここでは、React、Next.js以外のJavaScriptフレームワークも紹介しておきましょう。

■ Vue.js / Nuxt

Vue.js（ビュー、またはビュージェイエス）というライブラリと、それを元に開発されているフレームワーク。「ナクスト」と読みます。Nextとスペルが似ていて間違えやすいので注意しましょう。

React / Next.jsに比べると、とっつきやすく分かりやすいのが特徴です。

■ Svelte / SvelteKit

Svelte（スベルト）というライブラリと、それを元に開発されたフレームワーク。比較的新しいフレームワークであるため、まだReact等に比べると知名度は低いですが、その分新しい機能などを盛り込んで、洗練されているため学習しやすいでしょう。

■ Astro

ここまでのフレームワークに比べると、かなりシンプルな作りのフレームワークです。「Webサイト」の制作を得意としていて、特定のライブラリに縛られることなく、ReactでもVue.jsでもSvelteでも一緒に使うことができるなど、柔軟性が高いです。筆者も本書執筆時点で、一番好きなフレームワークです。

Chapter 3　フロントエンドエンジニア中級編

3 • 22

JSX

用語解説

「JavaScript XML」の略称で、JavaScriptでHTMLなどを扱いやすくするための「拡張構文」と呼ばれるもの。
Reactを開発したMeta社によって開発された構文で、ReactやNext.jsなどで採用されているが、近年ではその他でも広く使われている。

　この節は、前節の続きとなるため、まずはChapter3・21の手順に従ってNext.jsのプロジェクトを作成しておいてください。

プロジェクトのファイルを確認しよう

　前節の手順で作成された「next-app」というフォルダの内容を見てみましょう。すると、数多くのフォルダやファイルが自動的に生成されています。

　この各フォルダやファイルの名前や意味は、それぞれ決められています。この「ルール」を正しく守らないとプログラムは動作しません。

　これが、ライブラリとフレームワークの違いで、フレームワークの場合は「足場」となるため、基本となるプログラム等が自動で生成されるので、私たちはその足場に沿ってプログラムを作っていくことになります。

　これは一見すると窮屈に見えますが、このルールがあるおかげでチーム開発などでも、統一したルールに沿って開発しやすくなりますし、後からプログラムを確認・拡張するときにもやりやすくなります。

図3-22-1：**生成されたフォルダやファイル**

```
∨ NEXT-APP
  > .next
  ∨ app
    ⭐ favicon.ico
    # globals.css
    TS layout.tsx
    TS page.tsx
  > node_modules
  ∨ public
    🖼 next.svg
    🖼 vercel.svg
    ⬢ .eslintrc.json
    ◆ .gitignore
    TS next-env.d.ts
    JS next.config.js
    {} package-lock.json
    {} package.json
    JS postcss.config.js
    ⓘ README.md
    TS tailwind.config.ts
    ▦ tsconfig.json
```

ページの内容を書き換えよう

では例えばここで、トップページの文言を変更してみましょう。どのファイルを編集したら良いでしょう？　これも決まっていて「app」フォルダに「page.tsx」という名前で保存するというルールが決められています。次のファイルを見てみましょう。

* app/page.tsx

このファイルを開くと、次のようなHTML（らしきもの）が記述されています。

app/page.tsx

```
import Image from 'next/image'

export default function Home() {
  return (
    <main className="flex min-h-screen flex-col items-center ➡
justify-between p-24">
      <div className="z-10 max-w-5xl w-full items-center ➡
justify-between font-mono text-sm lg:flex">

...
```

とはいえ、HTMLの基本タグもないですし、「**class**」属性でもなく「**className**」属性になっているため、HTMLとも少し違っています。これは「JSX」という特別な書式です。

JSXを作るには

実はこの「page.tsx」は、JavaScriptのファイルになっています。JSX以外の部分を抜き出してみましょう（実際には作業しないでください）。

app/page.tsx

```
import Image from 'next/image'

export default function Home() {
  return (
  )
}
```

ちょっと見慣れない記述ですが、Chapter3・13で紹介した「関数」の宣言に近い記述があります。この関数の中に、直接HTMLのようなものを記述できるのがJSXの便利なところです。

ではここでは、8行目付近の次の行を書き換えてみたとしましょう。

app/page.tsx

```
...
<p className="fixed left-0...">
  Get started by editing 
  <code className="font-mono font-bold">app/page.tsx</code>
</p>
```

app/page.tsx

```
<p className="fixed left-0...">
  Next.jsで作りました
</p>
```

ファイルを保存して、Webブラウザを確認すると、画面左上のメッセージが図のように書き換わります。

図3-22-2：画面左上のメッセージが変わっている

「page.tsx」というファイルを変更したことで、トップページの内容を書き換えることができます。

ここで、これまではファイルを変更した後、Webブラウザを「再読込」しなければ、画面が更新されませんでした。しかし、Next.jsでプログラムを開発する場合、ファイルを保存するだけで勝手にWebブラウザの内容が変わることが分かります。

実際、先ほど変更したメッセージをさらに書き換えると、保存する度に、Webブラウザの内容が変化します。

これは、先ほど起動したNext.jsの内蔵Webサーバーの「オートリロード」（ホットリロードという場合もあります）というしくみです。

オートリロード、ホットリロード

自動的にWebブラウザを再読み込み（リロード）するしくみ。Next.jsはファイルの変更を監視し続けているため、保存がされると自動的に発動するようになります。

VSCodeのターミナルを確認してみましょう。ファイルを保存すると、次のようなメッセージが表示されます。

ターミナルの表示

```
- wait compiling...
- event compiled client and server successfully in 83 ms →
(417 modules)
```

この時、Next.jsのプロジェクトを再生成して画面を再読み込みしているという訳です。

JSXとHTMLの違い

JSXとHTMLは、次のような部分に違いがあります。

空要素はスラッシュで閉じる

Chapter2・3で紹介した「空要素」があった場合、XHTMLと同様にスラッシュを付加して閉じる必要があります。スラッシュがない場合はエラーになります。

```
x  <hr>
○  <hr/>
```

コメントの記号がHTMLと違う

HTMLではコメントを次のように記述しました。

```
<!-- HTMLのコメントです -->
```

JSXではこのコメント形式が利用できず、次のように記述します。

```
{/* コメントです */}
```

class属性名をclassNameにする

JSXでは「**class**」という属性名が利用できません。代わりに「**className**」という属性名を使う必要があります。

JavaScriptを埋め込もう

Next.jsでのJSXは、内部にJavaScriptを埋め込むことができます。それには、中括弧（{ }）を使います。次のように書き換えましょう。

app/page.tsx

```
...
<p className="fixed left-0...">
  1 + 1 = {1+1} です
</p>
```

すると、図3-22-3のように表示されます。中括弧で囲まれた部分は計算結果が表示され、それ以外の部分はそのまま表示されます。

図3-22-3：**計算結果が表示された**

```
1 + 1 = 2 です
```

こうして、簡単にJavaScriptと組み合わせることもできるようになります。

- - - - - - - - - - - - - - - - - - - -

同じJavaScriptライブラリの1つである「Vue.js」などで、JavaScriptの埋め込みに中括弧を2つ使うものがあります。

例）

```
1 + 1 = {{ 1 + 1 }} です
```

このように「{{ }}」で囲んだ構文を「マスタッシュ記法」と呼びます。「mustache」は「口ひげ」という意味の英単語で、これは中格好の記号を横に倒したときに口ひげに見えることから、このように命名されたようです。

元々は、JavaScriptのライブラリとして「mustache.js」があり、現在も開発が進められていますが、Vue.jsでは標準でこの記法に対応しています。

■ {{ mustache }}

https://mustache.github.io/

3・23

ルーティング

前節で、トップページの内容を変更するために、次のファイルを編集していました。

• app/page.tsx

すると、次のアドレスの内容が変化しました。

• http://localhost:3000/

これまでの解説ではディレクトリやファイルがあると、それが「パス」となるため、例えば次のようなアドレスにならなければおかしいように思います。

• http://localhost:3000/app/page.tsx

しかし、Next.jsを初めとした「フレームワーク」では、このように実際のファイルの場所とURLが違う「ルーティング」というしくみを備えています。

ルーティングを設定しよう

例えばここでは、新しいページを1つ増やしてみましょう。VSCodeのエクスプローラーパネルで「app」フォルダを右クリックしたら、「新規フォルダ」メニューを選んで、「company」というディレクトリを作成します。

さらに、companyディレクトリ上で右クリックし、新規フォルダを作成して「about」とします。今度は、その「about」フォルダを右クリックして「新規ファイル」を選んで、「page.tsx」というファイルを作成します。図のようになります。

図3-23-1：「about」フォルダに「page.tsx」ファイルを作ったところ

なお、VSCodeではフォルダの中にフォルダだけが入っている場合、図 **3-23-2** のように「company / about」といった具合に表示され、階層の表示になりませんが、フォルダ自体は正しく作られています。

図3-23-2：「company」フォルダに「about」フォルダを作ったところ

about/page.tsxファイルを開いて、次のような内容を記述しましょう。

about/page.tsx

```
export default function About() {
    return <h1>会社情報</h1>;
}
```

これで完成です。簡易サーバーが起動していない場合は、ターミナルを起動して次の手順で起動しておきましょう。

ターミナルで入力

```
npm run dev
```

そして、Webブラウザで次のアドレスにアクセスしてみましょう。

• http://localhost:3000/company/about

図のように、「会社概要」という見出しが表示されました。今作成した「company/about」ディレクトリ内の「page.tsx」というファイルが表示されたという訳です。ファイル名の「page.tsx」という名前は、パスでは利用されません。Next.jsで決められたファイル名です。

図3-22-3：指定のアドレスにアクセスしたところ

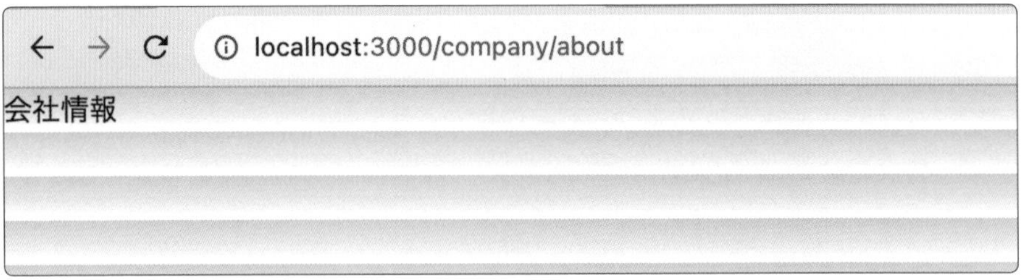

なお、背景に縞模様が表示されているのは、Next.js標準のCSSが利用されているためです。ここでは、ひとまず気にせずこのまま使っていきましょう。

Next.jsのルーティングのルールは、「app」というフォルダ内に、子フォルダやファイルを作成することで、パスが生成されるという非常に分かりやすいルールになっています。

図3-23-4：Next.jsのパスの構成

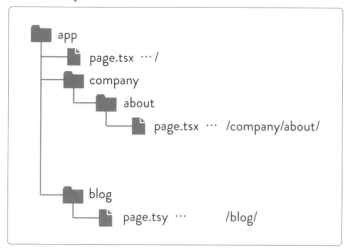

そして、次の「ダイナミックルーティング」というしくみを使うと、ルーティングの威力を感じることができます。

ダイナミックルーティング

> 📑 ルーティングの機能の1つで、1つのファイルが複数のパスを担当するしくみ。ブログの各記事のページなど、動的に生成されるページに使われます。

ルーティングの機能が威力を発揮するのは、「ダイナミックルーティング」と組み合わせたときです。例えば、ブログサイトやニュースサイトを作る場合、次のように記事が増えるごとにページが増えていきます。

```
/blog/1
/blog/2
/blog/3
...
```

この時、すべてのページを先のルーティングのしくみで作ろうとすると、図3-23-5のように大量のフォルダとファイルが必要になってしまいます。

Chapter 3　フロントエンドエンジニア中級編

図3-23-5：通常のルーティングの仕組みでページを作ろうとしたところ

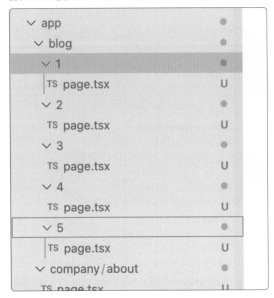

これでは効率が悪いので、1つのファイルが複数のページを生成することができます。これを「ダイナミックルーティング」などと呼びます。早速作ってみましょう。

まずは、「app」フォルダを右クリックして「blog」フォルダを作成します。さらに、「blog」フォルダを右クリックしてフォルダを作成するのですが、ここでは「[slug]」という名前のフォルダを作成します。ブラケット記号を忘れずに両端につけましょう。これが、ダイナミックルーティングの仕掛けとなります。

後はこれまでと同様に、この「[slug]」というフォルダの中に「page.tsx」を作成します。図のようになりました。

図3-23-6：ダイナミックルーティングの仕組みで「page.tsx」を作成する場合

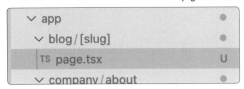

このファイルを編集しましょう。

app/blog/[slug]/page.tsx

```
export default function Page({ params }: { params: ➡
{ slug: string } }) {
  return <h1>{params.slug}番目のエントリーです</h1>
}
```

これで保存したら、次のアドレスにアクセスしてみましょう。

• http://localhost:3000/blog/1

すると、図のように「1番目のエントリーです」と表示されました。

図3-23-7：ダイナミックルーティングを使ったところ

←　→　C　　ⓘ　localhost:3000/blog/1

1番目のエントリーです

　アドレスの最後の数字を変えてみましょう。その数字（や文字）などに合わせて、内容がコロコロ変わっていることが分かります。つまり、指定されたアドレスに従って、「その場で」ページを生成しているというわけです。

　実際には、このようにどんな数字や文字でも受け入れてしまうと、存在しないページなどを指定されてしまうこともあるため、もう少しプログラムを作っていく必要がありますが、ダイナミックルーティングのしくみを使えば、このように1つのファイルで複数のページの生成を担うことができるようになります。

　Next.jsについてより詳しく知りたい場合は、筆者のYouTubeなどをご参照ください。

https://youtu.be/lO-Ulx1rclk

3 • 24

TypeScript

📖 用語解説

Microsoftが開発したプログラミング言語。JavaScriptと互換性があり、JavaScriptにはない「静的型付け」という、変数や戻り値がどのような種類の情報を扱うのかをあらかじめ定義することができるしくみや、「クラス定義」の機能を備えている。

これにより、特に大規模なプログラムなどをチーム開発する際に開発しやすくなる。最後はJavaScriptに変換（トランスコンパイル）をして利用する。

Chapter3・21でプロジェクトを作成するとき、次のような質問項目がありました。

ターミナルの表示

```
Would you like to use TypeScript?
（TypeScriptを利用しますか?）
```

このTypeScriptとは、JavaScriptの代わりに利用できるプログラミング言語でMicrosoftが2012年に開発しました。

型

📖 TypeScriptの「Type」は「型」という意味の英語で、型とはプログラミング用語で値の種類のことです。

例えば、次の例を見てみましょう。

値とその種類（型）

```
1 …… 数字（Number）
a …… 文字（String）
['いちご', 'りんご', 'もも'] …… 文字列の配列
```

　このように、それぞれの値には種類があり、これを「型」と呼びます。TypeScriptはこの「型」に着目した言語です。

動的型付け、静的型付け

> 　値の型をどのタイミングで確定するかの違い。JavaScriptが採用しているのは、値が利用されるときに、その内容に従って型を決める「動的型付け」なのに対し、TypeScriptではあらかじめ型を決めて宣言しておく「静的型付け」が利用できます。

　次のJavaScriptのプログラムを見てみましょう。

例）

```
let price = 5;

let answer = price * 2;
document.write(answer); // 10が表示される
```

　この場合、画面には「10」と表示されます。まず、「**price**」という名前の変数を準備してここに5と代入しました。これによって「**price**」には「数字」が入っています。
　そして、**price**に2を掛けた結果を**answer**に代入してこれを画面に表示しました。
　この時、JavaScriptでは「**price**」や「**answer**」という変数は、それぞれ数字が代入されたときに「数字の型である」と判断します。このように代入されたときに、その場で方を判断する動作を「動的型付け」と言います。
　動的型付けは、プログラムを手軽に作成することができる半面、例えば次のように間違えた変更をすることができてしまいます。

Chapter 3 フロントエンドエンジニア中級編

3.24 TypeScript　325

例）

```
let price = 5;

price = 'a'; // 変数に文字を代入

let answer = price * 2;
document.write(answer); // NaNが表示される
```

この場合、「**price**」という名前の変数に「**a**」という「文字」が代入されてしまっているため、次の計算式が成り立たなくなってしまいました。

```
price * 2; // a * 2 という計算できない計算式
```

そのためJavaScriptは、「**NaN**（Not a Numberの略称）」という特殊な値を代入して、計算式が正しくないことを示します。ただ、このプログラムが正しくないことは実行するまでは分かりません。動的型付けの場合、変数にはどんな値でも代入することができてしまうため、後になって代入した値が原因でプログラムが正しく動作しなくなってしまうといったことが起こってしまうのです。

そこで、TypeScriptでは「静的型付け」を採用しています。

Next.jsでTypeScriptを体験しよう

Chapter3・21で作ったプロジェクトの「app/page.tsx」に次のように追加しましょう。

app/page.tsx

```
export default function Home() {
  let price: number = 10;

  let answer: number = price * 2;
...
```

変数の宣言部分に、次のように型の情報が追加されています。

```
let price = 10;
```

$$\downarrow$$

```
let price: number = 10;
```

これは、「priceという変数は数字（number）型にする」という宣言をあらかじめするためのもので、TypeScript独自の書式です。同じく「answer」にもnumber型を宣言しています。

計算結果を確認したい場合は、12行目付近の以下の箇所などに次のように入力しましょう。

```
<p className="fixed left-0 top-0 flex...">
  {answer}
</p>
```

画面には「20」と表示されます。

図3-24-1：**画面の表示**

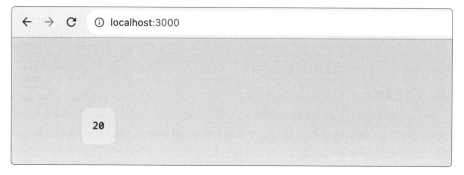

型エラーを発生させよう

　ではここで、先の例と同じように「`price`」の変数に数字ではないものを代入してみましょう。次のように変更します。

app/page.tsx

```
let price: number = 10;
price = 'a';
let answer: number = price * 2;
```

　すると、VSCodeで赤い波線が引かれました。マウスカーソルを重ねると、「型 `string` を型 `number` に割り当てることはできません。」といったメッセージが表示されます。

図3-24-2：メッセージ

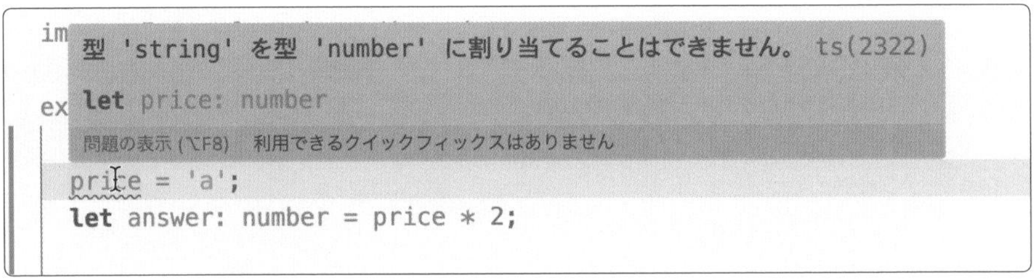

　そのままプログラム自体は動作させることができ、JavaScriptと同じで「**NaN**」と画面には表示されてしまいますが、ビルド（**Chapter3・26**参照）という最後に行う作業の時に、エラーで止まるため、間違いに気がつくことができます。

　TypeScriptを利用すると、あらかじめ変数に代入できる「型」を決めておくことができるため、想定したもの以外の型の値が代入された場合に、エラーメッセージでそれに気がつくことができます。

　JavaScriptのように「動作させてみないと間違いかどうかが分からない」という動的型付けのプログラミング言語よりも、安心してプログラムを記述することができるというわけです。

　最初は少し面倒に感じますが、型をきちんと宣言しておくことで、チーム開発や大規模なプログラミング開発では、かなり威力を発揮します。

型推論で、手軽にプログラミング

　TypeScriptはこのように、確実なプログラミングができる半面、ちょっとしたプログラム
を書くときにも、型を常に明示しなければならないのは面倒です。例えば、先のプログラム
の場合でも「answer」という変数は、わざわざ「number」であることを宣言しなくても
「price」が「number」であるなら、それ以外が代入されるとは考えにくいかもしれません。

　このような場合、実はTypeScriptは型の宣言を省略することもできます。次のように変
更してみましょう。

app/page.tsx

```
...
  let price: number = 10;

  let answer = price * 2;
```

　特にエラーなどにはならず、正しく動作します。これは、「answer」が「number」で
あると推論して動作しているためです。これを「型推論」といいます。

　動的型付けと同じではないかと感じるかもしれませんが、実は違います。この
「answer」に再び、文字を代入してみましょう。

app/page.tsx

```
...
  let price: number = 10;

  let answer = price * 2;
  answer = 'a';
```

　「answer」に赤い波線が引かれ、先と同様にエラーになっています。これは、最初に代
入されたものが数字だったため、「number」であると「推論」をして型を定義しているた
め、それ以降に数字以外のものを代入しようとすると、エラーになるというわけです。

　TypeScriptはこのように、型推論のしくみによってJavaScriptと同じように手軽にプロ
グラムを作成することができます。その上で、「型」に厳しく動作してくれるため、間違いが
入り込みにくくなります。

any型でJavaScriptと同じプログラムに

TypeScriptの場合、型推論によって一度型が定義された変数には、別の型の値を代入することができません。

しかしまれに、これでは困ることがあります。特に過去に作成したプログラムや、他人がJavaScriptとして開発したプログラムを、TypeScript内に取り込みたい場合などに、思わぬところでエラーになってしまいます。

こんな時は「any」という型が利用できます。次のように追加してみましょう。

app/page.tsx

```
...
  let price: number = 10;

  let answer: any = price * 2;
  answer = 'a';
```

「answer」に数字を入れても文字を入れても、エラーにはならなくなりました。こうして、「any」型を使うことで従来のJavaScriptと同様に、変数の中にさまざまな型の値を代入できるようになります。

とはいえ、any型を使ってしまってはTypeScriptの良さを潰してしまうことになるため、積極的には利用しないようにしましょう。

3 · 25

ES Module

📖 用語解説

JavaScriptで、外部のファイルを読み込む方法として考案され たしくみ。ライブラリや外部関数など、再利用したい処理を「モ ジュール」という形で読み込んで利用することができる。

Chapter3・13では、関数を外部ファイルにして参照する方法を紹介しました。しかし、近年のJavaScriptではこの方法よりも「ES Modules」を利用する方法が一般的です。Next.jsでも、このES Modulesのしくみが使われています。実際に試してみましょう。

計算するモジュールを作ろう

次のJavaScriptのプログラムを見てみましょう。Chapter3・13で紹介した「関数」なども参照してください。

```javascript
function sum(a, b) {
  // a + bの結果を返す
  return a + b;
}
```

このプログラムは、**a**と**b**という2つのパラメータを受け取って、その両方の値を足し算して返すと言うだけの関数です。これを、どこからでも利用できるように外部ファイルとして定義したいとします。ただしここでは、「モジュール」として作っていきましょう。

前節までで作成しているNext.jsのプロジェクトで、以下の新しいファイルを追加しましょう。

- app/lib/calc.js

そして、ファイルに次のように書き込みます。

app/lib/calc.js

```
export function sum(a, b) {
  // a + bの結果を返す
  return a + b;
}
```

　ここで、先頭に「**export**」という記述が追加されていることに注目しましょう。これが「モジュール」を作るときの特徴です。これによって、「**sum**」という関数が外からも利用できるようになります。

　では、この関数を利用してみましょう。app/page.tsxを次のように変更します。

app/page.tsx

```
...
import { sum } from "./lib/calc.js";

export default function Home() {
  let answer = sum(1, 2);
  ...
```

　ファイルの先頭に「**import**」という記述が増えました。**import**構文は次のような書式で記述します。

import構文の書式

```
import { 利用したい関数 } from ファイルパス
```

　ここでは、先ほど作成した「lib/calc.js」から「**sum**」という関数を利用できるように宣言しています。これによって、「**sum**」という関数を利用できるようになりました。次のプログラムを見てみましょう。

```
let answer = sum(1, 2);
```

ここでは、sumに1と2をパラメータとして渡して利用しています。これによって「answer」には3が代入されているはずです。ではこれを画面に表示してみましょう。11行目付近を次のように書き換えます。

app/page.tsx

```
<p className="fixed left-0...">
  {answer}
</p>
```

　画面に「3」と表示されました。

importとexport

　このように、モジュールというのはファイルの中で、「export」と記述した関数や変数を、利用したいファイル側で「import」の記述で取り込むことで利用ができるようになります。Chapter3・13で紹介した手法に比べると、若干手続きが面倒ではあるものの、細かい制御が可能になりました。

export default 構文

　export構文にはもう1つ、export defaultとつけることができます。これは、外部に参照させたい内容が1つしかない場合に利用できます。
　次のように変更してみましょう。

app/lib/calc.js

```
export default function (a, b) {
  // a + bの結果を返す
  return a + b;
}
```

　「export default」とした後、functionの後に関数名がなくなっていることに注意が必要です。

```
export function sum(a, b) {
```

```
export default function (a, b) {
```

そして、これを参照する場合も少し書き方が変わります。

```
import sum from "./lib/calc.js";
...
let answer = sum(1, 2);
...
{answer}
```

import構文で、中括弧がなくなっています。

```
import { sum } from "./lib/calc.js";
```

```
import sum from "./lib/calc.js";
```

「export default」の構文では、1つのファイルから1つの関数だけを参照すること
ができます。そのため、import構文でも参照できるものは決まっています。代わりに、そ
の処理に好きな名前をつけることができます。例えば、次のように「sum」ではない名前
をつけて利用することもできます。

```
import tashizan from "./lib/calc.js";
...
let answer = tashizan(1, 2);
...
{answer}
```

実は、Next.jsで各ページのファイルは、この構文が使われています。改めてapp/page.tsxの内容を確認してみましょう。

app/page.tsx

```
export default function Home() {
  return (
    ...
  )
}
```

　Next.jsでの各ページはモジュールとして定義されていて、ページの内容を外部から参照できる「**export default**」で定義しています。Next.jsは各ページのモジュールを必要に応じて読み込んで、画面に表示しているというわけです。

　なお、ここでは「Home」という関数名がつけられていますが、これは省略しても正しく動作します。ただし、Next.jsでは慣例的に関数名がつけられているようです（つけても問題なく動作します）。

　Next.jsを利用するには、このES Modulesの考え方を理解する必要があるため、しっかり確認しておきましょう。

コラム

HTMLで利用するときの注意

このES Modulesは、Chapter3・13で紹介したJavaScriptの外部ファイル化の方法の代わりに使えるという訳ではありません。例えばここでは、Next.jsを使わずに普通のHTMLとJavaScriptを作成してみましょう。

Chapter03/calc.js

```
export function sum(a, b) {
    return a + b;
}
```

Chapter03/ jsmodule.html （※HTMLのタグを一部省略しています）

```
<html>
<body>
  <script>
    import { sum } from './calc.js';
    let answer = sum(1, 2);
    document.write(answer);
  </script>
</body>
</html>
```

この2つのファイルを同じフォルダに保存して、index.htmlをWebブラウザで表示してみましょう。デベロッパーツールを表示すると、次のようなエラーメッセージが表示されます。

デベロッパーツールの表示

```
Cannot use import statement outside a module
（import文は、モジュール外では利用できません）
```

import構文は、モジュールからしか利用することができません。HTML内のJavaScriptでモジュールを利用するには、**<script>**タグに**type="module"**という属性を付加します。

```
<script type="module">
...
</script>
```

これでモジュールになりました。しかし、これでも正しく動作しません。次のようなエラーメッセージに変わります。

デベロッパーツールの表示

Access to script at '.../calc.js' from origin 'null' ➡
has been blocked by CORS policy: Cross origin requests ➡
are only supported for protocol schemes: http, data, ➡
isolated-app, chrome-extension, chrome, https, ➡
chrome-untrusted.
(CORSポリシーにより、null オリジンからのアクセスがブロックされました。クロスオリジンのリクエストはhttp, data, isolated-app, chrome-extension, chrome, https, chrome-untrustedスキームプロトコルでのみサポートされています)

日本語に翻訳しても、エラーメッセージの意味が分からないかもしれませんが、つまりは「calc.jsにアクセスができない」というエラーメッセージです。Webサーバーにアップロードなどをしないと、利用することができません。

Next.js等のフレームワークの場合、開発サーバーを内蔵しているため、モジュールも標準で利用できるようになっています。

3・26

Lint、Linter

Lint（リント）は、ソースコード中に異常や問題点がないかを
チェックする作業のことで、「静的解析」などともいわれる。
　これを行うツールのことを「Linter（リンター）」といい、Java
Scriptのリンターでよく利用されているものに「ESLint」という
ツールがある。

　Chapter3・21でNext.jsのプロジェクトを作成するときに、次のような質問がありま
した。

ターミナルの表示

```
Would you like to use ESLint?
(ESLintを利用しますか?)
```

　この、ESLintとは「リンター」と呼ばれるツールの1つで、JavaScriptのソースコードを
解析し、異常や問題点がないかをチェックしてくれるツールです。
　Next.js以外でも利用することができ、次のWebサイトから入手することができます。

■ ESLint
https://eslint.org/

　Next.jsを利用すると、これを標準で組み込むことができるというわけです。

ESLintを使ってみよう

では早速ESLintを使ってみましょう。前節まで使ってきたNext.jsのプロジェクトを使います。

この時、フォルダの先頭に「.eslintrc.json」というファイルがあることを確認しましょう。ESLintを同時にインストールした場合に生成されます。内容を確認すると、次のように記述されています。

.eslintrc.json

```
{
  "extends": "next/core-web-vitals"
}
```

ではこの状態で、プログラムをあえて間違えた状態にしてみましょう。例えばここでは、「app/page.tsx」の先頭にある「`import`」の一部の文字を消してしまいましょう。

app/page.tsx

```
import Image from "next/image";
```

```
mport Image from "next/image";
```

この状態ではプログラムが正しく動作しません。そこで、これをリンターで検査してみましょう。

ターミナルを起動したら、次のコマンドを入力します。もし、開発サーバーが起動している状態の場合は「Ctrl+C」キーで終了してから、入力しましょう。

ターミナルに入力

```
npm run lint
```

これでリンターが起動します。すると、次のようなエラーメッセージが表示されます。

ターミナルの表示

```
./app/page.tsx
Error: Parsing error: Unknown keyword or identifier. ➡
Did you mean 'import'?
(知らないキーワードまたは識別子があります。もしかして import ですか?)
```

「**mport**」という間違えたキーワード部分を指摘し、また正しいキーワードを予測してくれています。

なお、リンターはビルド作業（P.342参照）の時にも起動するため、間違いなどがあるとビルドが行われません。こうして、異常のあるプログラムを発見しやすくなります。

プログラムを修正して、再度リンターを起動してみましょう。今度はエラーがなくなりました。

リンターのルールを増やそう

リンターが何をチェックするかは、設定の内容によって変わります。先の「.eslintrc.json」というファイルで設定されていて、初期はNext.jsが準備している「**core-web-vitals**」という、基本的なルールが適用されています。

.eslintrc.json

```
{
  "extends": "next/core-web-vitals"
}
```

ここに、オリジナルのルールを設定できます。例えば、JavaScriptは行の最後にセミコロンをつけてもつけなくても動作します。

例）

```
document.write('セミコロンがない場合')
document.write('セミコロンがある場合');
```

これはプログラムとしてはどちらも正しいのですが、プロジェクト全体で統一されていた方が良いかもしれません。そんな場合は、リンターにルールとして設定することができます。次のように追加しましょう。

```json
{
  "rules": {
    "semi": ["error", "always"]
  },
  "extends": "next/core-web-vitals"
}
```

　JSON（Chapter3・20参照）の形式で「**rules**」を定義し、この中にルールを追記します。ここではセミコロンの有無を表す「**semi**」という設定を、「**always**（常に必要）」と設定し、ない場合はエラーとなるように設定しました。
　ではこれで、プログラム内のセミコロンを消してみましょう。

app/page.tsx

```tsx
import Image from "next/image";
```

```tsx
import Image from "next/image"
```

　そしてリンターを起動します。

ターミナルに入力

```
npm run lint
```

　すると、次のようにエラーメッセージが表示されました。

Chapter 3　フロントエンドエンジニア中級編

```
./app/page.tsx
1:31  Error: Missing semicolon.  semi
```

1行目にセミコロンがないというエラーが表示されています。

こうして、プロジェクト全体のプログラムのルールをチームで統一したりし、品質の高い
プログラムコードを作ることができます。

コラム

ビルド、デプロイ

ここまでの作業でNext.jsでWebサイトが完成したとしましょう。開発サーバー上
では正しく表示されているので、これをインターネット上に公開したいとします。しか
し、実際にはこのままでは公開することができません。

Next.jsをはじめとしたJavaScriptフレームワークでは、開発したプログラムを「ビ
ルド」という作業を行って、HTML等に変換しなければなりません。実際に作業して
みましょう。

ビルドしよう

開発サーバーが起動している場合は、[Ctrl+C] キーで終了しましょう。そしたらま
ずは、ビルドのための準備を行います。プロジェクトフォルダ（ここでは「next-app」）に
「next.config.js」というファイルがあるので、これをVSCodeで開きましょう。

next.config.js

```
/** @type {import('next').NextConfig} */
const nextConfig = {}

module.exports = nextConfig
```

これは、Next.jsの設定ファイルです。この3行目に次のように追加しましょう。

next.config.js

```
/** @type {import('next').NextConfig} */
const nextConfig = {
    output: 'export'
}
```

見やすいように改行を入れています。これで準備完了です。

ターミナルに、次のコマンドを入力します。

ターミナルに入力

```
npm run build
```

すると、ターミナル上にさまざまなメッセージが表示されていきます。そして、作業が終了するとエクスプローラー上に「.next」という名前のフォルダと「out」というフォルダができあがっています。これが、生成されたHTMLファイルなどです。

「out」フォルダの内容を確認してみましょう。index.htmlや、前節までで作成したcompany/about.htmlなどが作られていることが分かります。エディタで開くと、改行が取り除かれてしまっているので見にくいですが、確かに内容なども生成されています。

後は、この「out」フォルダの内容をWebサーバーに転送すれば、インターネットに公開することができます。とはいえ、Next.js等を利用している場合はこのような方法でデプロイすることはまれで、通常はフレームワークのビルドコマンドに対応したホスティングサービスというものを利用します。代表的なサービスに「Vercel」があります。

Vercel

「Vercel」は、Next.jsを開発した米Vercel社が提供する、レンタルサーバー（ホスティングサーバー）のサービスです。Next.jsのプロジェクトに標準で対応していて、プロジェクトをそのまま同期するだけで、ビルドをして公開まで行うことができます。

同種のサービスには、NetlifyやCloudflare等のサービスもあります。

Vercelでのデプロイについては、GitHub等の知識も必要となってしまうため、本書の解説の範囲を超えてしまいます。実際に、作業をしてみたい場合は次の動画などをご参照ください。

- https://youtu.be/IO-Ulx1rclk

CDNエッジ

「CDNエッジ」とは、Webサイトを1台のサーバーではなく、「エッジサーバー」と呼ばれる世界中のサーバーに分散して配信するしくみ。これにより、データの転送速度（レイテンシと言います）を縮めることができるうえ、Webサーバーの負担を減らすことができます。

CDN（Content Delivery Network）という言葉は、Chapter3・19でも登場しました。しくみとしては同じで、コンテンツ（ここではWebサイト自体のこと）を届けるためのネットワークのしくみを指します。

制作者が、元のサーバー（これを、オリジンサーバーといいます）にデプロイすると、そこから世界中のエッジサーバーにコンテンツがコピーされ、各利用者にはそのエッジサーバーからWebサイトが配信されることになります。

表示速度やサーバーの負担軽減などのメリットがあるものの、費用が発生したり、コンテンツを更新したときにそれが全体に反映されるまでに時間がかかる場合があることや、機能に制限があることなどから、利用するかを検討する必要があります。

3・27

CSSフレームワーク、Tailwind CSS

📖 用語解説

「フレームワーク」はChapter3・21でも紹介した「足場」となるもので、CSSフレームワークはCSSの足場となる技術のこと。いちからCSSを記述するのではなく、あらかじめ決められたクラス名などに沿って作成することで、デザインや動き、レスポンシブWebデザインなどに対応したWebサイトを手軽に作ることができる。

　BootstrapやChakra UIなど多くのフレームワークがありますが、本書執筆時点で最も人気のあるフレームワークが「Tailwind CSS (テイルウィンドCSS)」です。

　Chapter3・21でNext.jsのプロジェクトを作成するときに、次のような質問がありました。

ターミナルの表示

```
Would you like to use Tailwind CSS?
(Tailwind CSSを利用しますか?)
```

　Tailwind CSS (テイルウィンドCSS) というのは、「CSSフレームワーク」と呼ばれるものの一種です。CSSを書かずに、ページのスタイルを整えることができます。

　まずは、「app」フォルダに「try_tail」などのフォルダを作成し、この中に「page.tsx」という名前のファイルを作成します。そしたら、次のように内容を記述しましょう。

```
export default function Home() {
  return <h1>Tailwind CSS</h1>
}
```

開発サーバーを起動します。

```
npm run dev
```

そしたら、次のアドレスにアクセスしましょう。

• http://localhost:3000/try_tail/

図のように見出しが表示されます。

図3-26-1：見出しが表示される

ではここで、文字の大きさを大きくしてみましょう。Chapter 2で紹介したCSSを使う方法では、「インラインCSS」を使って次のようにします。

```
return <h1 style={{ fontSize: "1.5em" }}>Tailwind CSS</h1>
```

JSX（Chapter3・22参照）では、属性の書き方などがHTMLとは異なるため、少し戸惑いますが font-size プロパティを使って文字サイズを大きくしています。

図3-26-2：文字サイズが大きくなった

そして、Tailwind CSSを利用する場合、同じように文字を大きくするのに次のように記述できます。

app/try_tail/page.tsx

```
return <h1 className="text-2xl">Tailwind CSS</h1>;
```

「`text-2xl`」というクラス名が指定されています（`className`属性はJSXの属性で、HTMLの`class`属性と同じ意味）。
これでも、同じように文字サイズが大きくなりました。

クラス名でスタイルを整えるTailwind CSS

Tailwind CSSはこのようにクラスを付与すると、それに沿ったスタイルが当たるというCSSフレームワークです。ここで、あらかじめ作成されている「app/page.tsx」ファイルを確認してみましょう。
例えば、最初の`<main>`タグの内容を見ると、次のように数多くのクラス名が付加されています。

app/page.tsx

```
<main className="flex min-h-screen flex-col items-center ➡
justify-between p-24">
```

これらもすべてTailwind CSSで準備されているクラス名です。次のような意味があります。

クラス名	説明
flex	displayプロパティをflexにします
min-h-screen	min-heightプロパティを100vh（スクリーンの高さ）にします
flex-sol	flex-directionプロパティをcolumnにして縦に並べます
items-center	align-itemsプロパティをcenterにして中央そろえにします
justify-between	justify-contentプロパティをbetweenにして、等間隔に並べます
p-24	paddingプロパティを24段階目に設定します（6remになります）

各クラス名の意味は、Tailwind CSSのリファレンスで調べることができます。

■ Tailwind CSS
https://tailwindcss.com/docs/

このようにCSSのプロパティの代わりに、Tailwind CSSが準備しているクラス名を書いていきます。一見すると、面倒に感じてしまってCSSを直接書いた方が早そうに感じます。しかし、Tailwind CSSを利用するのには次のようなメリットがあります。

レスポンシブWebデザイン（RWD）に対応しやすい

CSSを直接記述した例の場合、スマートフォンなどの小さなスクリーンでも同じ文字の大きさになってしまいます。これを変えるにはメディアクエリーを利用しなければなりませんが、そうするとインラインCSSで記述することはできなくなってしまいます。

しかし、Tailwind CSSはあらかじめRWDに対応しているため、次のようなクラスを追加するだけで対応できます。「try_tail」フォルダの、page.tsxを変更しましょう。

app/try_tail/page.tsx

```
return <h1 className="md:text-2xl">Tailwind CSS</h1>;
```

クラス名の先頭に「md:」と追加しました。これでWebブラウザの横幅を狭くしてみましょう。768px未満の横幅で見ると、文字サイズが小さくなります。それ以上にしたときだけ大きくなります。

図 3-26-3： **ブラウザの横幅を狭めると文字サイズが小さくなった**

「`md：`」というのは「Medium」の略で、中くらいの横幅という意味。これは768pxの横幅をブレイクポイントに、そのスタイルを適用するかを変化させることができます。

ブレイクポイントには、このほかに次の種類があります。

指定	横幅
sm	640px
md	768px
lg	1024px
xl	1280px
2xl	1536px

そしてこの接頭辞は組み合わせて利用することができます。次のように変更しましょう。

app/try_tail/page.tsx

```
return <h1 className="md:text-2xl xl:text-3xl">Tailwind CSS</h1>;
```

「`xl:text-3xl`」というクラスを追加しました。これにより、ブレイクポイントが2カ所に増えます。768px未満は初期の文字サイズ、それ以上で1280px未満の場合は「`text-2xl`」。そして、1280px以上の場合は「`text-3xl`」が適用されます。

このようにTailwind CSSを利用すると、メディアクエリーを記述することなく、RWDに対応することができます。

Chapter 3 フロントエンドエンジニア中級編

カスタマイズしやすい

　文字の大きさを変更するとき「**2xl**」とか「**3xl**」といったキーワードを利用しました。この「**xl**」は洋服のサイズなどでも利用される「XL (Extra Large)」のことで、ここでは2XLとか3XLといった曖昧な大きさしか指定していません。

　この**2xl**や**3xl**が実際にはどんな大きさなのかは、Tailwind CSSがあらかじめ定めていますが、これは自由にカスタマイズすることができます。

　Next.jsのプロジェクトフォルダに「tailwind.config.ts」というファイルがあります。これを開いてみましょう。次のように記述されています。

tailwind.config.ts

```
import type { Config } from 'tailwindcss'

const config: Config = {
  content: [
    './pages/**/*.{js,ts,jsx,tsx,mdx}',
    './components/**/*.{js,ts,jsx,tsx,mdx}',
    './app/**/*.{js,ts,jsx,tsx,mdx}',
  ],
  theme: {
    extend: {
...
    },
  },
  plugins: [],
}
export default config
```

　このファイルの意味は、本書では省略しますが、興味があればドキュメントを参照してください。

■ Configuration - Tailwind CSS

https://tailwindcss.com/docs/configuration

　ここでは、文字の大きさをカスタマイズしてみましょう。「**themes**」という部分に次のように追加します。

```
theme: {
  fontSize: {
    sm: "1rem",
    base: "2rem",
    xl: "3rem",
    "2xl": "4rem",
    "3xl": "5rem",
  },
  extend: {
```

　これでファイルを保存してみましょう。文字サイズが非常に大きくなりました。ここでは、**2xl**を**4rem**に、**3xl**を**5rem**に設定しています（**rem**という単位についてはChapter2・17参照）。

　このようにTailwind CSSでは、クラス名では直接単位などは扱わずに概念的な大きさを指定し、実際にその大きさを設定ファイルの方で定めることで、後から設定を変えやすくしたり、「テーマ」という概念でデザインを簡単に切り替えたりできるようになります。

CSSから不要な記述を削除できる

　ここで指定した「**text-2xl**」とか「**text-3xl**」といったクラス名に対する、実際のCSSの内容はどのようになっているのでしょう？　これは、Next.jsによって生成されるCSSファイルに記述されます。

　しかし、ここでその該当の箇所を見てみましょう。

```
@media (min-width: 768px) {
  .md\:text-2xl {
    font-size: 4rem;
  }
}
```

　CSSの中では「**md:text-2xl**」しか定義されていません。他のクラス名は使うことができないのでしょうか？

　実はそんなことはなく、Tailwind CSSは「使われているクラス名だけを生成する」という

機能を持っています。例えばここで「**md:text-2xl**」の代わりに、「**md:text-xl**」を
使ってみましょう。

app/try_tail/page.tsx

```
return <h1 className="md:text-2xl xl:text-3xl">Tailwind CSS</h1>;
```

```
return <h1 className="md:text-xl xl:text-3xl">Tailwind CSS</h1>;
```

すると、生成されるCSSもそれに合わせて変化します。

/.next/static/css/app/layout.css

```
@media (min-width: 768px) {
  .md\:text-xl {
    font-size: 3rem;
  }
}
```

　このように、不要なCSSが生成されないため、CSSのファイルサイズを小さくすることが
できます。
　CSSフレームワークを利用するとCSSを扱いやすくなります。最初は大量のクラス名を
覚えたり、使いこなすのが大変ですが、リファレンスなどを見ながら、少しずつ覚えていく
と非常に扱いやすくなっていくため、じっくり学んでいくと良いでしょう。

こぼれ話 ☕ CSS-in-JS

CSSを記述する方法として、CSSプリプロセッサ (Chapter3・6参照) と、CSSフレームワーク (Chapter3・27参照) を紹介しましたが、もう1つの方法として「CSS-in-JS」という手法もあります。

JavaScriptを利用したCSSの生成方法で、Next.jsでは、次のようにしてJavaScriptを使ってCSSを生成することができます。

例)

```
export const Alert = () => {
  const alertStyle = {
    backgroundColor: "#fcc",
    border: "1px solid #f00",
    borderRadius: "5px",
    padding: "10px",
  };

  return <div style={alertStyle}>警告です</div>;
};
```

このようなしくみを「CSS-in-JS」と呼び、JavaScriptフレームワークではサポートされていることが多い機能です。

JavaScriptでCSSを生成することができるため、プログラムによってCSSの内容を変更することができ、変数や計算式なども使うことができるため、非常に便利です。

ただし、近年はCSSフレームワークの開発が活発なこともあり、CSSフレームワークの利用にシフトしている印象です。

Chapter 3　フロントエンドエンジニア中級編

3 · 28

Jamstack、SPA、SSR、SSG

📖 用語解説

フロントエンド技術を利用した、Webサイト開発の総称。

元々は「Javascript、API、Markup」の頭文字を取った「JAM」に、積み重ねるという意味の「stack」をつなげて「JAMstack」と表現していたが、JavaScriptやAPIに限らずフロントエンド技術全般を指す言葉として定着し、現在では「Jamstack」と小文字で表現される。

JamstackではWebシステムの構成によって、SPAとSSR、SSGに分かれる（それぞれの違いについては本文を参照）。

　本書執筆時点（2024年）に、フロントエンド開発で流行しているのが「Jamstack（ジャムスタック）」という言葉です。

　これまで、WebサイトやWebシステムの構築と言えば、主役はダウンロード特典のChapter 4で紹介する「サーバーサイド」でした。Webサイト制作といえばWordPress、システム開発といえばPHPやRubyといった具合に、サーバー側のプログラミング言語が開発の主役で、JavaScriptはその補佐をするような役割が一般的でした。

　しかし、Chapter 4で紹介する「API」や「非同期通信」といった技術が発達すると、徐々にフロントエンド技術、特にJavaScriptの重要性が高まってきました。そこで、Webサイト制作でもフロントエンド技術だけで制作したり、また高度な開発が必要な場合もJavaScriptフレームワークを利用することで、かなり高度な開発が可能になってきました。

　近年、ここまでで紹介したNext.jsやAstro、NuxtなどのJavaScriptフレームワークを使って、Webサイトを構築するケースが増えてきています。Jamstackで開発をするとき、Webシステムの構成によって次の3種類に分かれます。

SPA (Single Page Application)

> 🖵 1ページで完結するWebアプリケーションのこと。Jamstackが流行した初期に、よく採用されていました。

　通常、Webサイトを制作する場合は前節までで紹介したとおり、ページごとにHTMLファイルを作成し、ページの内容が切り替わる場合は、アドレスが変化して画面全体が書き換わっていました。

　例えば、ニュースの一覧で、見たい記事があったらそれをクリックすると、ニュースの内容のページが表示され直します。しかし、SPAではページを移動することなく、ニュースの内容がその場で開いたり、一覧の上に覆い被さるように「ポップアップ」という方法で表示されたりします。

　これにより、利用者のストレスを軽減することができるものです。フロントエンド技術はそれまで、ルーティング（Chapter3・23参照）が苦手だったこともあり、SPAはページ遷移をしない形で作られていました。しかし、Next.jsなどのフロントエンドフレームワークが誕生し、近年ではSPAを採用する例は減ってきました。

　ルーティング機能などを用いて、複数のページで構成されるWebサイトを制作する場合に、取られる手法には「SSG」と「SSR」があります。それぞれ紹介しましょう。

SSG (Static Site Generation)

> 🖵 「静的なサイト（Static Site）」として、あらかじめ生成してしまったものを、Webサーバーに設置するというしくみです。

　Chapter3・26のコラムで、Next.jsの「ビルド作業」を紹介しました。この時、Next.jsはHTMLファイルを生成します。SSGは、この、生成されたHTMLをWebサーバーにアップロードして公開するスタイルの開発方法です。アップロード後は、プログラムを動作させなくて済むので、表示速度などが非常に速くなります。

　ただし、情報を更新した場合などは、常にビルド作業でHTMLをすべて生成し直さなければならないため、ページ数が多い場合などは生成に非常に時間がかかってしまうなどのデメリットもあります。

Chapter 3　フロントエンドエンジニア中級編

SSR (Server Side Rendering)

 Webサーバー上でページが作られるWebアプリケーションのこと。従来のWeb
サイトの作り方と近い作り方です。

本来のWebサイトの作り方ではあるものの、フロントエンド技術を中心に開発した場合
に、この言葉が使われます。なお、Jamstackは本来はこのSSRのみを指す言葉として使
われていました。近年は、このあたりの言葉の定義が曖昧になっていて、SPA等も含めて
Jamstackと呼ばれることが多いようです。

コラム

Git、GitHubでバージョン管理・チーム開発とデプロイ作業

Web開発やソフトウェア開発で近年利用されているのが「Git（ギット）」というシス
テムです。「バージョン管理システム」と呼ばれるものの1つで、あるファイルを、「いつ」
「だれが」「どのように」変更したのかを記録することができます。

開発作業には欠かせない存在となっていて、特にGitと合わせてよく利用される
「GitHub（ギットハブ）」と合わせて、エンジニアの必須知識となっています。ただし、
Gitを学ぶにはそれだけで書籍1冊以上の知識が必要な上、さまざまな下準備も必要
となるため、本書では扱いきれません。

そこで、ここではGitやGitHubの概要だけをお伝えするので、詳しくはYouTube
動画などをご参照ください。また、この先の解説でさまざまな「用語」が出てきます
が、これについてはコラムの後半で改めて紹介しています。

- https://www.youtube.com/playlist?list=PLh6V6_7fbbo_
  M3CqTeJvuXB08--fibyBu

Gitの利点

Gitでは、ファイルの変更履歴を「リポジトリ」と呼ばれる領域に記録し続けます。
ファイルを作成したところから、いつ、どんな変更したかをすべて記録できます。これ
により、次のような便利な点があります。

間違えた変更点を元に戻せる

チームの誰かが間違えて変更や削除してしまったソースコードを、履歴から元に戻すことができます。

■ 別のバージョンの開発を同時に行える

例えばWebサイトの場合、現在のサイトの変更作業と、新しくWebサイトを作り替える作業など、2つの作業が同時に発生することがあります。このような時、Gitには「ブランチ」という機能で2つの履歴を同時に記録することができるようになり、別々に開発ができるようになります。

この分かれた作業は、後で「マージ」や「リベース」という機能を使って、1つにまとめることができます。

■ クラウドを通じたチーム開発ができる

Gitにはクラウド上にリポジトリを記録できる「リモートリポジトリ」という機能があります。GitHub等のサービスを利用すると、クラウド上にソースコードやその履歴を記録しておくことができるため、万が一手元のコンピュータが壊れたりしても、バックアップとして別のコンピュータに移行することができます。

また、チームメンバーで同じリモートリポジトリを参照することで、チーム内でソースコードを共有し、互いにファイルを変更することができます。リモートリポジトリには「プッシュ」や「プル」という操作で、好きなタイミングで変更を同期することができます。

GitHubの利点

「Git」を詳しく知らなくても「GitHub」については名前を聞いたことがあるという方も少なくないでしょう。GitHubは、先の通りGitの「リモートリポジトリ」のサービスではありますが、現在ではプロジェクト管理やWiki、Webページの設置などなど、さまざまなことができるサービスに育っています。

ここでは、GitHubでできることをいくつか紹介しましょう。

■ プロジェクト管理、イシュー管理

　Webやソフトウェアの開発をチームで行う場合、今誰がなにをやっていて、次にどんな作業（タスク）があるのかといった、プロジェクト管理・タスク管理をする必要があります。

　また、Webやソフトウェアのバグや問題点を報告し、修正や対応する「イシュー」というものも管理しなければなりません。

　GitHubでは、このようなプロジェクト管理やイシュー管理を行う機能が搭載されています。

■ Wiki

　Wiki（ウィキ）とは、共同で編集できるドキュメントのことで、「Wikipedia」が非常に有名です。WikipediaはWiki形式で百科事典を作るというプロジェクトですが、GitHubのWikiはプロジェクトのメモや、議事録、各種情報のとりまとめなどに利用することができます。

■ GitHub Pages

　GitHubには、簡易的なWebサーバーのしくみも提供されていて、簡単なWebページを公開することができます。基本的には、ソフトウェアなどを配布するための告知サイトを作るための領域ですが、この領域を使ってブログサイトを運用したり、自分のポートフォリオ（自己紹介）を掲載しているユーザーもいます。

■ デプロイサーバーとの連携

　最後に、GitHubはVercel（Chapter3・26 参照）などのデプロイサーバーと連携することもできます。公開するWebサイトの内容をGitHubにプッシュすると、自動的にVercel等に同期されて、Webサイトとして公開されるといった具合で、これによってWebサイトの開発作業が非常にスムーズになります。

Gitで使われることば

　Gitには、さまざまな用語が登場します。ここでは、各用語について紹介しましょう。

■ リポジトリ

「保管庫」といった意味の英語で、変更履歴を記録しておく領域です。Gitを使う
には、最初にリポジトリを作成する必要があります。

■ コミット

「委託する」といった意味の英語で、変更点をリポジトリに記録する作業のことを指
します。

■ ブランチ

「枝」という意味の英語で、複数のバージョンを同時に開発したい場合などに、こ
の「ブランチ」を分けて開発することで、別々の変更履歴として記録していくことがで
きます。

ブランチは最低1つは必要で、リポジトリを作成した直後にmainブランチという標
準のブランチができあがります。

■ チェックアウト

ブランチを切り替える作業のことをいいます。

■ マージ

「併合」といった意味の英語で、複数に分かれたブランチを1つのブランチにまとめ
ることができます。この時、それぞれのブランチで行った変更内容は自動的に判断して
取り込まれ、お互いの変更箇所を反映することができます。

■ コンフリクト

「衝突」といった意味の英語で、先のマージ作業を行うときに、うまく変更内容をま
とめられないときに発生します。例えば、別のメンバーが同じファイルの同じ行に変更
を加えてしまった場合、どちらの変更が正しい変更なのかの判断がつかず、コンフリク
トが発生します。

この場合は、手作業でコンフリクトを取り除いて、改めてマージ作業を行う必要が
あります。

■ リモートリポジトリ

リポジトリをクラウド上に保管するしくみのことで、自分で準備することもできますが、GitHub 等のクラウドサービスを利用するのが一般的です。その他、BitBucketやGitLab 等のサービスもあります。

■ プッシュ・プル

手元のリポジトリの内容を、リモートリポジトリと同期するときはリモートリポジトリに反映するプッシュと、リモートリポジトリの内容を自身のコンピュータに取り込むプルという作業を行います。

■ クローン

新しいPCを購入した場合や、チームの他のメンバーが初めて開発に参加するときなど、最初に行う作業が「クローン」です。この作業によって、それまでの変更点を自身のコンピュータに取り込むことができ、開発を始めることができるようになります。

■ プルリクエスト

自分の行った変更を、他のメンバーが使っているブランチなどに取り込むことをリクエストする機能です。これにより、マージをするタイミングを調整したり、マージする前に異常がないかを検査したりすることができます。

Git のクライアントソフト

Git を利用する場合、コマンドライン（Chapter3・5参照）で作業をすることもできますが、コマンドラインが苦手な方のために、マウス操作でGit が利用できる「クライアントソフト」も各種開発されています。いくつか紹介しましょう。

■ GitHub Desktop

GitHub 社が開発しているクライアントソフト。GitHub を利用するための機能が搭載されていますが、クライアントソフトとしては機能が物足りない部分があります。

■ SourceTree

Atlasian が開発するクライアントソフトで、無償で利用できる上にかなりの高機能なので、おすすめできます。

■ GitKraken、Tower などの有料クライアントソフト

より高機能な GitKraken や Tower といったクライアントソフトもありますが、いずれも有償のソフトとなっています。

■ Visual Studio Code と拡張機能

実は、Visual Studio Code には簡単な Git のクライアント機能が内蔵されています。また、拡張機能の中には、VSCode の Git の機能を補完するような機能を持った拡張機能などもあり、これらを組み合わせることで Git 操作を行うことができます。

■ GitGraph

https://marketplace.visualstudio.com/items?itemName=mhutchie.git-graph

■ GitLens

https://marketplace.visualstudio.com/items?itemName=eamodio.gitlens

そのほかのフロントエンド用語

フロントエンドの世界は日進月歩で、毎日のように新しい技術、言葉が生まれています。ここでは、少し前によく聞いていたものの、最近はあまり聞かなくなった言葉などを一気に紹介していきましょう。

AltJS

Alt は、「Altanative（代替の）」という意味の略語で、JavaScript の代替言語のことです。Chapter3・24 で紹介した TypeScript も AltJS の一部で、同じように JavaScript の構文を使わずに、より便利に書けたり、短く書けたり等の改良が加えられていて、最終的にはトランスコンパイル（Chapter3・6 参照）をして、JavaScript に変換される言語のことを指します。

Chapter 3　フロントエンドエンジニア中級編

当初は、CofeeeScript や PureScript といった言語が登場していましたが、Type
Script の登場であまり使われることがなくなり、最近ではこの言葉自体が利用されなく
なりました。

ベンダープリフィックス

　「ベンダー」は、Web ブラウザの開発会社のことで、プリフィックス（prefix）とは
「接頭辞」のこと。例えば CSS には、角丸を表現するための「border-radius」とい
うプロパティがあります。

例）

```
div {
  background-color: #333;
  width: 100px;
  height: 100px;

  border-radius: 30px; /* 3px のカーブをつけて角丸にする */
}
```

　すると、図 3-27-1 のような矩形を描くことができます。し
かし、この「border-radius」というプロパティは、利用でき
るようになってから「勧告（Chapter2・7 参照）」されるまで
に時間がかかりました。その間、正式な CSS のプロパティと
しては利用することができなかったため、各 Web ブラウザは
先行して実装しました。この時、実際のプロパティとの違い

図 3-27-1：
ブラウザで表示したところ

を表すため、プロパティ名の前に「-webkit-」や「-ms-」などの「接頭辞」を付加
していました。これを「ベンダープリフィックス」といいます

ベンダープリフィックスを使った例

```
div {
  border: 1px solid #333;
  border-radius: 3px; /* 3px のカーブをつけて角丸にする */
```

```
    -webkit-border-radius: 3px; /* WebKit用 */
    -ms-border-radius: 3px; /* IE用 */
    -moz-border-radius: 3px; /* Firefox用 */
    -o-border-radius: 3px; /* Opera用 */
}
```

こうして、勧告に至る前のCSSプロパティも、各ブラウザで使えるようになっていたのです。

現在でもベンダープリフィックスは利用することはできますが、近年ではWebブラウザ自身があまりベンダープリフィックスを利用しないようになっています。

ポストプロセッサ、postCSS

Postは「〜の後に」という意味の言葉で、プログラムなどを作成した「後」に処理（プロセス）をすることを言います。

CSSの場合これを「postCSS」と呼び、CSSを書いた後に読み込み速度を速くするために改行記号をなくして1行にまとめたり、不要な処理を削除したりなどのファイルサイズの圧縮や、ベンダープリフィックスを付加する処理などを自動的に行います。

フロントエンドフレームワークでは、標準でこれらの機能が搭載されているため、単体で利用することは少なくなっています。

タスクランナー

Chapter3・6で紹介した、Sass等のプリプロセッサやpostCSS、TypeScriptなどフロントエンド技術をあれこれ利用するようになると、これらを1つずつ利用するのは非常に手間がかかります。

そこで、これらの「タスク」をまとめて設定し、1度の操作ですべての作業が行えるようにするための「タスクランナー」というツールが登場しました。GruntやGulp等が利用されていました。

その後、Node.jsのnpmで上記のようなことが行える「npm-scripts」という技術が登場し、現在ではこれを利用するのが一般的になっています。「タスクランナー」という言葉もあまり聞かれなくなりました。

INDEX

参考文献

Chapter 1

- 『若手ITエンジニア 最強の指南書』
  (日経SYSTEMS 編集、2018/3、日経BP刊、978-4822257323)

- 『会社に人生を振り回されない　武器としての労働法』
  (佐々木 亮 著、2021/3、KADOKAWA刊、978-4046049728)

- 『お金のこと何もわからないままフリーランスになっちゃいましたが税金で損しない方法を教えてください！』
  (大河内 薫、若林杏樹 著、2018/11、サンクチュアリ出版刊、978-4801400603)

Chapter 2、3

- 『フロントエンドの知識地図 一冊でHTML/CSS/JavaScriptの開発技術が学べる本』
  (株式会社ICS 池田泰延、西原 翼、松本ゆき 著、2023/11、技術評論社刊、978-4297138714)

- 『HTML解体新書 - 仕様から紐解く本格入門』
  (太田良典、中村直樹 著、2022/4、ボーンデジタル刊、978-4862465276)

- 『CSS設計完全ガイド 詳細解説＋実践的モジュール集』
  (半田惇志 著、2020/2、技術評論社刊、978-4297111731)

- MDN Web Docs
  https://developer.mozilla.org/ja/

Chapter 3

- 『改訂3版JavaScript本格入門　モダンスタイルによる基礎から現場での応用まで』
  (山田祥寛 著、2023/2、技術評論社刊、978-4297132880)

- 『TypeScriptとReact/Next.jsでつくる実践Webアプリケーション開発』
  (手島拓也、吉田健人、高林佳稀 著、2022/7、技術評論社刊、978-4297129163)

■ 著者プロフィール

たにぐちまこと

「ちゃんとWeb」をコーポレートテーマに、「ちゃんと」作ることを目指したWeb制作会社。WordPressを
利用したサイト制作や、スマートデバイス向けサイトの制作、PHPやJavaScriptによる開発を得意とする。
また、YouTubeやUdemyでの映像講義や著書などを通じ、クリエイターの育成にも力を入れている。
主な著書に『これからWebをはじめる人のHTML&CSS, JavaScriptのきほんのきほん』(マイナビ出版刊)
や、『マンガでマスタープログラミング教室（監修）』(ポプラ社) など。

STAFF
写真素材：kusuguru (https://kusuguru.jp)
ブックデザイン：岩本 美奈子
DTP：シンクス
編集：伊佐 知子

特典ダウンロード用パスワード
G7M2K8J3

Webエンジニアを育てる学校

2024年2月27日　初版第1刷発行

著者　　たにぐちまこと
発行者　角竹 輝紀
発行所　株式会社マイナビ出版
　　　　〒101-0003
　　　　東京都千代田区一ツ橋2-6-3 一ツ橋ビル2F
　　　　☎0480-38-6872(注文専用ダイヤル)
　　　　☎03-3556-2731(販売)
　　　　☎03-3556-2736(編集)
　　　　E-Mail：pc-books@mynavi.jp
　　　　URL：https://book.mynavi.jp
印刷・製本　株式会社ルナテック